U0224324

薛定谔
生命物理学讲义

[奥]埃尔温·薛定谔（Erwin Schrdinger）◎著　赖海强◎译

WHAT IS LIFE
MIND AND MATTER
AUTOBIOGRAPHICAL SKETCHES

北京联合出版公司
Beijing United Publishing Co.,Ltd.

图书在版编目（CIP）数据

薛定谔生命物理学讲义 ／（奥）埃尔温·薛定谔著；
赖海强译． -- 北京 ：北京联合出版公司，2017.4（2022.6重印）
ISBN 978-7-5502-9802-6

Ⅰ．①薛… Ⅱ．①埃… ②赖… Ⅲ．①生命科学－普
及读物 Ⅳ．①Q1-0

中国版本图书馆CIP数据核字(2017)第023926号

薛定谔生命物理学讲义
作　　者：（奥）埃尔温·薛定谔
译　　者：赖海强
选题策划：刘　璇
责任编辑：杨　青　徐秀琴
封面设计：胡椒设计

北京联合出版公司出版
（北京市西城区德外大街83号楼9层　　100088）
北京联合天畅文化传播公司发行
北京旺都印务有限公司印刷　　新华书店经销
字数200千字　　　880毫米×1230毫米　　1/32　　7印张
2017年4月第1版　　2022年6月第2次印刷
ISBN 978-7-5502-9802-6
定价：49.80元

通常人们会认为，科学家作为在自己的研究领域拥有渊博的第一手知识的权威，是不会随便在自己不精通的领域著书立说的，也就是说高声望者身肩重责。然而，为了能够完成这本书，我恳请抹去我身上所有的声望——倘若真的有的话，这样也就可以一并抹去与之相随的重任。我的理由如下：

我们的先辈早就开始了对包罗万象的知识的孜孜追求，这种强烈的渴望毫无保留地传承到了我们身上。人类最高学府所用的字眼（university，大学，在英文中这个词和"普遍性"同词根）让我认定：从古至今，唯有普遍性（universal aspect）才是真正的完美。可是，近100年来，知识在深度和广度上的迅猛扩展将我们置于一个两难境地。一方面我们只是刚刚开始获得某些可靠的资料，并试图将所有已知的事物融合成一个统一的整体；另一方面，知识的体量已经如此之大，任何人想要在某个专门领域以外再驾驭一些新知识的可

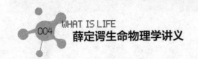

能性几乎为零。

唯有我们中的某些人能够着手总结那些事实和理论，即使这其中可能夹杂着二手的或是并不完备的知识，还需要冒着被当成蠢人的风险。除此以外，我找不到任何能够摆脱这种两难境地的更好方法。除非，我们永远也不想达到我们的最终目标。

这就是我的看法。

语言带来的障碍和困难不可忽视。一个人的母语就犹如一件合体的衣裳，当不得不被另一种语言替代时，必定不会感到舒适。我要向谢因克斯特博士（都柏林三一学院）和巴德莱格·布朗博士（梅鲁圣巴里克学院）表示感谢；然后，我还要感谢 S. C. 罗伯茨先生。为了使我的衣服更合体，这几位友人费了很大力气，而很多时候我对自己设计的式样的固守，也给他们增添了很多麻烦。当然，我要对书中残存的一些不妥的独创式样负责，这些并非他们的问题。

许多小结的标题最初只是作为页边的摘要，因此每一章的正文需要前后连贯地读下来。

E. 薛定谔

都柏林

1944 年 9 月

死从来不是自由人的思虑，他的智慧，是生的沉思，而非死的沉吟。

——斯宾诺莎《伦理学》第四部分，命题 67

目录

WHAT
IS LIFE

自序

第一部分
生命是什么
WHAT IS LIFE

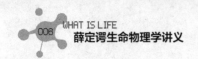

第二部分
意识与物质
MIND AND MATTER

第三部分
自传
AUTOBIOGRAPHICAL SKETCHES

生命是什么

WHAT IS LIFE

第一部分

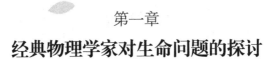

第一章

经典物理学家对生命问题的探讨

我思故我在。

——笛卡尔

1. 研究的一般性质和目的

这本小册子起源于一位物理学家的一系列公开演讲，聆听演讲的观众约有 400 人，演讲人在演讲最开始就指出所讲的主题复杂难懂，尽管几乎没有使用数学演绎法这最吓人的武器，可也远未达到通俗易懂的程度，但是听众人数丝毫没有因此而减少。并不是因为这个论题简单得可以不用数学来说明，相反，正是因为论题太过复杂，即使用数学演绎也很难阐述得清楚明了。演讲受到观众欢迎的另一方面原因是，演讲者试图将那些介于物理学和生物学之间的基本概念同时向物理学家和生物学家讲清楚。

尽管演讲内容涉及了形式各样的主题，目的却只有一个——对一个重大问题发表一些小小看法。为了避免读者迷失方向，先简要地勾勒出整个演讲计划很有必要。

这个久经讨论的重大问题就是：

> 怎样用物理或化学的方法，解释有机生命体内空间和时间上的各种现象？

本书力求阐述和确定的初步答案可概括为：

> 现阶段物理学和化学在解释上述事件中暴露出的局限性，不能成为否定物理学和化学最终能够诠释这一切的理由。

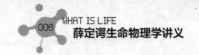
2. 统计物理学·结构上的根本差别

如果说仅仅是为了重新燃起对过去无能为力的事的希望，这个注解未免过于平庸了。更高层的意义在于，我们试图解释为何迄今为止物理学和化学仍无法诠释上述问题。

基于生物学家，尤其是遗传学家在过去三四十年的创造性工作，人们已揭开了有机体的真实物质结构和功能的神秘面纱。目前对这方面的认知已经足以精确地说明，现代物理学和化学为什么仍不能解释发生在有机生命体内的种种现象。

从根本上说，有机生命体中大部分的原子排列及其相互作用方式，和迄今为止物理学、化学理论，实验研究的原子排列方式存在本质差异。这样的本质差异在一般人看来似乎无足轻重，除了那些认为物理和化学定律都是统计力学性质的物理学家[1]。这是因为正是基于统计力学的观点，认为有机生命体内的绝大部分结构非常特殊，完全不同于物理学家和化学家在实验室里处理的或是他们脑子里所思考的任何一种物质结构[2]。要使得物理学家和化学家发现的规律和定则能直接应用在有机生命体的活性部分如此特殊的结构上，这几乎是天方夜谭。

不能指望非物理学家能够大概了解我刚才所说的抽象词汇"统计力学结构"中蕴含的差异性，更不必说准确理解其真正内涵。为了丰富叙述的色彩，我先提前说一下后面还将详细说明的内容：活

1　这种说法可能显得过于笼统，对这个问题将在本书第七章的 7、8 节中详细讨论。

2　F.G. 道南在两篇极富启发性的文章中表达了这个观点。见 *Scientia*，1918 年，24 卷，78 期，第 10 页，《物理化学能否恰当地描述生物学现象》；1929 年斯密斯学院报告，第 309 页，《生命的秘密》。

体细胞中最重要的组成部分——染色体纤丝，可以恰当地称其为非周期型晶体。迄今为止，物理学中所研究的物质仅限于周期性晶体。在一个不是很高明的物理学家眼中，周期性晶体已经是非常有趣和复杂的东西了，它们构成了最具吸引力而又最复杂的物质结构，由这些复杂结构组成的无机世界已经足以让物理学家伤透脑筋了。然而，它们和非周期性晶体结构相比，却显得异常简单。两者在结构上的差异，好比一张是不断重复同样花纹的壁纸，而另一张是一幅拉斐尔挂毯般精美的刺绣。后者展现的是一位杰出大师的精致、协调和富含创意的设计，而不止是一味的单调重复。

我们说周期性晶体已是物理学家最为复杂的研究对象之一，但是，随着有机化学家研究的分子结构越来越复杂，事实上他们已经非常接近"非周期性晶体"了。在我看来，生命的物质载体就是非周期性晶体。自然地，在生命问题的研究领域，有机化学家已经取得很大成果，而物理学家仍毫无建树也就不奇怪了。

3.朴素物理学家的探索方式

在简要阐述了我们研究的基本观点，或者说最终落脚点以后，我再说明一下如何展开我们的研究。

让我们以"一位朴素物理学家对于有机体的观点"即一位物理学家对有机体可能持有的观点开始。他在学习了物理学，尤其是掌握了统计力学的基础后，开始思考有机生命体的活动和功能的方式。他独自思量：能否用物理学中的简明而朴素的科学观点，对生命问题做出合理解释？

他觉得答案是肯定的，下一步需要将理论预测结果和生物学事实做比较。比较的结果说明他的整体思路是对的，但需要做一些调整。如此一来，他就离正确的观点更近一步了，或谦虚地说，更接近了他认为正确的观点。

即使这是一条正确的途径，但我并不能确定这是否就是一条最好、最简洁的探索途径。但是，这终究就是我自己走过的路。我就是这位"朴素的物理学家"，为了通往这个目标，除了这样一条曲折之路外，我找不到其他更加清晰、便捷的方法。

4. 为什么原子这么小

论述"朴素的物理学家的观点"的一个好方法是从一个滑稽、近乎荒唐的问题开始：为什么原子这么小？

事实上，原子的确非常之小。我们日常接触的所有物质里每一小块中都包含了数量超乎想象的原子。可以举出许多例子让听众理解这点，但没有哪个能比开尔文勋爵所引用的例子更让人印象深刻：假设给一杯水里的每个分子做上标记，然后将这杯水倒入大海，并充分搅拌，使得世界七大洋中都均匀分布有杯中标记的分子；接着如果从七大洋中任何一处舀出一杯水，将会发现这杯水中大约有 100 个被标记的分子[3]。

原子的实际尺寸约为黄光波长的 1/5 000 到 1/2 000。这样的比较意义在于，我们可以用光波波长粗略地表示显微镜能分辨的最小微粒尺度。就拿这么小尺寸的微粒来说，这样的体积中仍然包含了

---

3 现在，一般认为原子没有确切的边界，因此，事实上原子的大小不是一个含义十分明确的概念。多采用固体或液体中两原子的原子核间距来表示它（或者替代它），但是，不能用气体中的原子核间距表示，因为常温常压下，气体中这个间距几乎大了 10 倍。

10 亿个原子。

那么，原子为什么这么小呢？

这个问题并不能简单地从字面意思思考，问题真正关心的并不是原子的大小，而是有机体的大小，特别是我们人类自己躯体的大小。当我们以常用的长度单位作参照时，比如米或码（1 码约为 0.914 4 米），原子尺度确实很小。在原子物理学领域，通常使用埃作为长度度量，1 埃是 1 米的一百亿分之一，用十进制小数表示为 0.000 000 000 1 米，而原子的直径为 1—2 埃。日常使用的长度单位和我们的身体尺寸总是密切联系的，比如说，码这个长度单位就起源于一位英国国王的幽默故事：当大臣请示他采用什么作度量单位时，他顺势抬起自己的一只手臂说道："取我胸部中间到指尖的距离就可以了。"且不论这个故事是真是假，它给我们的启示在于：这个国王很自然地提出将和自己身体的尺寸相比拟的长度作为长度单位，是因为他明白使用其他尺度的长度都不如这样方便。无论物理学家多么偏爱使用"埃"作长度单位，他还是更愿意听见做一件新衣裳需要 6 码半花呢布，而不是 650 亿埃花呢布。

因此，我们提出这个问题的真正目的在于确定我们的身体尺度和原子尺度两种长度的比例。考虑到原子本身作为一种独立性的客观存在，把问题换种提法或许更为合适：和原子的尺度相比，我们的身体为什么这么大呢？

对于许多聪敏的物理系和化学系的学生来说，有这样一个事实会让他们感觉非常可惜：构成我们身体各部分的不同器官，根据前述说的比例，它们都是由无数分子构成，显然对于感受单个分子的

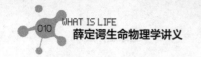

碰撞来说它们显得太过粗糙了。对于原子，我们既看不见也摸不着更听不见，导致我们很多对原子的假设和我们庞大而粗糙的感官的直接感受相去甚远，无奈我们也无法通过直接观察来检验这些原子。

有没有什么内在的原因可以解释它呢？能否追溯到某条第一原理，来解释我们的感官为何如此不适应大自然的规律性呢？

终于遇见了物理学家能完全解决的问题了，对于上面的这些问题，答案都是肯定的。

5. 有机体的活动需要精确的物理规律

假如人类不是像上面所说的那样迟钝，而是能够敏锐地感受到单个原子，那么一个或是几个原子就可以给我们的感官留下印象，我的天！那生命会是什么样子？可以肯定的是，那样的有机生命体绝对不可能孕育出一个有逻辑的思维，更别提在这种逻辑思维长期积淀下产生的原子的观念。

虽然我们只着重谈论了感官这方面，但以下的论述对于大脑和感觉系统以外的器官功能同样适用。人类最重要的特点就是拥有触觉、思维和知觉。假设我们不从纯客观的生物学角度来看，那么在那些产生思想和感觉的生理过程中，作用的主体只有大脑和感觉系统，其他的感觉器官只起着辅助作用，至少我们人类看来是这样的。值得一提的是，这对我们选取和我们的思维活动紧密联系的过程进行研究十分有利，尽管我们对这种紧密的联系仍一无所知。事实上，我认为这样的研究已经超越了自然科学的范畴，很可能也已经超越了人类的认知能力。

由此，我们自然会问：类似人类大脑和它的附属感觉系统这种物理的变化状态和发达思维密切联系的有机整体，为什么必须要由大量的原子组成？为什么大脑和其附属感觉系统的功能，作用在整体上或是和环境直接发生作用的外围感官，而不是能够感受单个原子碰撞的精巧而灵敏的机制呢？

这其中有两方面原因：首先，我们所谓的思维本质上就是一类有次序的存在；其次，人类的思维只能作用在有序的物质上，即知觉或经验。这样也会产生两种结果：第一，和思维对应着的人体组织或是器官（如和我们的思维紧密相连的大脑）必须是有秩序的，这决定了在其中发生的事件必须遵循严格的物理规律，并达到高度的精确性；第二，外界事物对这个组成有序的物质系统产生的影响，必定对应着我们思维中的某些知觉和经验，这些也是人类思维产生的物质基础。所以，一般情况下，我们身体的系统和外界系统之间的互动，必须遵循某种程度上的物理学秩序，也就是说，它们必须服从严格的物理学定律并达到相当的精确性。

6. 物理学定律以原子统计力学为基础，因此只是近似的

那么，仅由少数几个原子构成的能够敏锐感受单个原子活动的有机生命体为什么就不能实现上述功能呢？

因为大家都知道，一切的原子无时不刻都在进行着无任何规律的热运动。可以说正是分子的无序运动，破坏了它们宏观上的秩序性，使得只发生在少数几个原子中的事件表现不出任何规律。只有在原子数目达到一定规模时，统计规律才开始显现并作用在这些集

合体（系统）的行为上，系统中的原子数量越多，统计规律越精确。正是通过这样的方式，事件表现出宏观上的秩序。目前已经确认，那些和有机生命体密切相关的物理学和化学定律都是此种统计性规律。而人们所能设想的其他规律性和秩序性，都会因受到原子的永不停歇的热运动干扰而无法作用。

7. 物理学和化学定律的精确性以大量原子介入为基础

例一：顺磁性

我将举几个例子来说明这个问题。这些都是从海量例子中随便挑出的几个，或许对初次接触这种现象的读者来说，这些未必是最适合他们的例子。但这里举的例子在现代物理学和化学中是非常基本的现象，就好比生物学中有机体由细胞构成，或是天文学里的牛顿定律，甚至数学中的整数数列 1, 2, 3, 4, 5……等极为基本的知识。但是我不能期望一个完全的外行通过下面几页文字就能充分理解和领悟这个问题。这个问题与路德维希·玻尔兹曼、维德拉·吉布斯等光辉名字相联系，详细的论述需要参阅名为"统计热力学"的教科书。

如果我们往一支置于磁场中的长条石英管中注入氧气，可以发现氧气被磁化了[4]。被磁化的原因在于氧气分子本身是些小磁体，它们和罗盘针一样有使自己平行于外磁场方向的趋向。可是你可别以为它们全部都已经顺着外磁场的方向了，因为如果把外磁场的强度加

---

4 选用气体是因为它比固体和液体都更纯净，在此种情况下，气体的磁化强度非常弱，但这不影响对其理论上的探究。

倍，氧气的磁化强度也会加倍，这意味着有了更多的氧原子磁体和外磁场方向趋同。氧气的磁化强度随外加磁场强度增大而加强，且这种比例关系可以一直持续到外加磁场达到极大值。

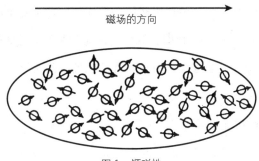

图 1　顺磁性

　　这是一个非常明了的纯粹统计性的例子，在外磁场影响下，小磁体倾向于产生和外磁场一致的取向，但是原子热运动方向的随机性和这种一致性相违背，两相争斗，最后的结果是磁偶极子轴和外磁场方向夹角为锐角的小磁体数量比二者夹角为钝角的稍显优势。虽然单个小磁体不断地改变其取向，然而原子的数量是如此庞大，整体上看来，取向和外磁场一致的原子数量要多于取向和外磁场不一致的原子，且外加磁场的强度越大，两者间的差距也越大。这一创造性的解释源于法国物理学家朗之万，我们可以采用下述方法对这一解释进行检验。

　　假如观测到的微弱磁化是由于磁场和热运动的对抗导致的结果，就是说磁场倾向于使小磁体取向一致，而分子的热运动又要打破这种一致性。那么，如果通过降低温度减弱分子的热运动，就能弱化分子热运动对磁场梳理小磁体取向产生的干扰，在不改变外加磁场强度的条件下，也能使得分子磁化强度得到增强。这一点得到了实验的证实，实验表明，磁化强度和绝对温度成反比关系，这一点在定量上和理论上（居里定律）得到了很好的吻合。现代的实验设备已经允许我们把温度降低到分子热运动几乎可以忽略的程度，这样就能够使磁性气体充分表现出磁取向效应，即使不是全部，至少也有部分的"完全磁化"。此时，我们已经无法期望通过加强外磁场而获得磁化作用的显著增强，而是随着外磁场强度逐渐增大，磁化效应增强的效果越来越不明显，逐步接近所谓的"饱和"状态。这个预期也在实验中获得了定量的证实。

必须注意的是，这种现象的出现完全依赖于参与这个过程的分子数量，只有数量巨大的分子共同参与，才能在宏观上表现出可观测的磁化现象。否则，磁化永远无法稳定，而是永无休止、无规律地变化着，这就是磁场和热运动两者抗衡此消彼长的结果。

8. 例二：布朗运动、扩散

假如从一个密封玻璃容器底部注入由小微滴组成的雾，观察雾的上边沿会发现，它正按照一定的速率缓慢下沉（图2），下降的速率取决于空气的黏度和微滴的大小以及密度。可是，如果将微滴置于显微镜下，你将会看到，微滴并不是以恒定的速率往下降，而是做着一种很不规则的运动（图3），我们称之为布朗运动。只是从总体趋势上来看，这种运动才表现出规则的下降。

这些微滴虽然并不是分子，可是它们是如此轻微细小，以至于可以感受到不断碰撞其表面的单个分子的冲击，正是由于空气分子的不断冲击，同时在重力的作用下，总体来看微滴才表现出下沉的倾向。

从这个例子可以看到，如果感官也能敏锐感受到少数几个分子对其造成的冲击，那我们得接收多少奇异而紊乱的信息啊。事实上，这种现象会对细菌等一些很小的有机体产生强烈的影响，它们的运动完全取决于周围介质分子的热运动，而自身并没有行动的自由。倘若它们本身拥有某种动力，那么它们也可能最终从一个地方转移到另一个地方，但这过程必定是充满艰辛，因为受到分子热运动的颠簸，它们就像是漂荡在波浪滔天的海面上的一叶扁舟。

扩散现象和布朗运动十分类似。假如在一个盛满液体（比如水）的容器中，溶解了一些有色物质，例如高锰酸钾，它的浓度在容器中并不是均匀分布的，而是如图4所示的那样，浓度从左到右逐渐降低（图中小圆圈代表溶质高锰酸钾分子）。如果任由这个系统自我发展，那么里面就会缓慢地发生"扩散"过程。高锰酸钾分子逐渐从左边散布到右边，直至所有液体中都均匀地分布着高锰酸钾分子。

在这个简单而又不是特别有趣的过程中，需要强调的是，并不是像许多人认为的那样，高锰酸钾分子从浓度高的区域向浓度低的区域扩散是受到某种外力或是诱惑的驱使，如同一国的公民总是趋向于转移到拥有更多活动空间的地方。事实上，每一个高锰酸钾分子都是独立运动的，不受其他高锰酸钾分子的影响，分子之间发生互相碰撞的概率很低。但是，无论是在稠密区还是稀疏区，每一个高锰酸钾分子都不断受到水分子的冲击，从而向一个不可预测的方向运动着。既有向稠密区的时候，也有向稀疏区的时候，还有倾斜运动的时候。这就像是一个蒙着双眼的人，在一片旷野上没有目的地走，总是在不断变化着前进的方向和行走的路线。

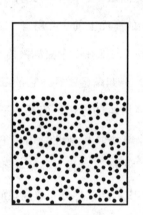

图 2　下沉的雾

图 3　下沉微滴的布朗运动

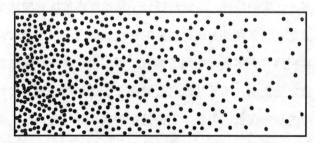

图 4　在浓度不均匀的液体中，从左向右扩散

虽然所有的高锰酸钾分子都在随机地运动，整体上却产生了一种规则的向低浓度方向的运动，最终达到浓度的均匀分布。猛然一看，这样的现象似乎太不可思议，不过，这仅仅只是乍看起来而已。想象图 4 所示的溶液是由一片片浓度近似恒定的薄片构成的，在某个瞬间某张薄片两侧的高锰酸钾分子，由于随机运动，具有相同的概率向左或是向右运动。而同一时间左侧比右侧有更多分子参与了随机运动，因此，通过某两张相邻薄片之间平面的分子，来自左侧的分子要比来自右侧的分子多。只要这种情况持续进行，总体上就会表现为一种规则的从左到右的运动，直到分子分布完全均匀。

要是用数学语言来表达这个理论，扩散定律可精确地表示为如下偏微分方程：

$$\frac{\partial \rho}{\partial t} = D\nabla^2 \rho$$

为了不使读者费神，在这里不对方程式详细解释。虽然用普通的语言来阐述其含义也并不困难[5]，这里特别提到严格的"数学上精确的"，是为了强调其在每一个具体的应用中，并不一定能保证物理上的精确。这是因为定律都是以纯概率作为基础，因而其有效性也是近似的。一般情况下，如果是一个非常好的近似，必要的前提是参与这种现象的分子数量巨大。我们必须认识到，参与的分子数目越小，偶然的偏差就会越大，所以在一定条件下，我们也能观测到这种偏差。

5　这就是说，任何一点的浓度都在按照一定的变化速率随时间增加（或减少），变化速率正比于该点附近极小区域内的相对浓度。顺便提一下，热传导定律也有这样的形式，只须要把其中的"浓度"换成"温度"就可以了。

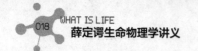

9. 例三：精确测量的极限

我要举的最后一个例子和例二比较相似，但它有十分重要的意义。在物理学中，常在一根细长的纤丝一端悬挂一个处于平衡状态的轻质物体，接着对它施加电力、磁力或是重力，使其绕着垂直轴转动，通过这种方式测量使轻质物体偏离平衡位置的微弱的力。当然，要根据具体的测量对象适当地选取轻质物体。在不断改进这种"扭秤"提高测量精度的过程中，物理学家遇见了一种奇特而又非常有意思的极限。在所使用的纤丝越来越细长，轻质物体越来越轻，扭秤能够感受越来越微弱的力的过程中，当悬挂的轻质物体能够敏锐地感受到周围分子由于热运动对它造成的碰撞时，轻质物体开始像第二个例子中微滴的颤抖一样在其平衡位置附近不停地、无规则地摆动，此时扭秤就到了极限的测量精确度。虽然这样的方式并不能定量地确定扭秤的极限测量精度，它却给出了一个事实上的极限。热运动的随机性与被测量的力的方向性相互竞争，导致测量得到的单次轻质物体偏离量失去了意义。要想消除布朗运动对测量结果的影响，必须进行多次的测量，用统计方法确定最后的测量结果。

在我看来，对于我们现在的研究，这个例子颇有启发性。因为我们的感官本质上也是某种测量仪器，假如它变得过于灵敏，那它也将变得无用。

10. $\sqrt{n}$ 法则

暂且就举这几个例子吧，我最后再补充一点，所有与有机生命体有关的，或是与有机体和外界相互作用有关联的物理、化学定律，全部都可以拿来作为例子。或许要进行详细的说明存在一定困难，但要点并没有不同。所以，再举更多的例子就显得冗余且毫无新意了。

可是，还有一个非常重要的定量关系需要论述，它涉及了物理学定律中的不准确度问题，称之为 $\sqrt{n}$ 定律。让我们先从一个简单例子出发，再推广至一般情况。

假如我告诉你，某种气体在一定的温度和气压下，对应着一定的密度，或者说，一定的温度和气压下，一定体积气体内（体积大小满足实验需要）恰好有 n 个气体分子，要是能在某时刻对体积内的气体分子进行检验，你会发现我所说的并不准确，偏差大约在 $\sqrt{n}$ 的量级。所以，如果 $n=100$，那么偏差就是 10，相对偏差高达 10%；但如果 $n=1\ 000\ 000$，偏差就是 1 000，相对偏差则降为 0.1%。笼统地说，这个统计规律普遍成立。这 $\sqrt{n}$ 的偏差，很可能就解释了物理学和物理化学定律中的不确定性，其中 n 是特定情况或实验中，在一定的时间和空间内，使得定律得以成立而参与其中的分子数量。

由此，我们再一次看到，为了使得有机体的内在活动或是它与外在的交互作用能够足够精确地用规律描述出来，有机体本身必须是一个相对而言足够大的结构，方能保证足够数量的分子参与其中。否则，参与其中的分子数过少，"定律"也就无法达到令人满意的精确度。需要特别强调这里出现了开方。因此，就算是 1 000 000 这么庞大的一个数，也只能达到千分之一的精确度，这样的精确度对一条"自然法则"来说总是显得不够。

第二章

遗传机制

存在便是永恒，因为众多法则守护着生命的精髓，
而宇宙因生命而绚丽。

——歌德

1. 经典物理学家那些并非毫无意义的假设是错误的

从上一章的讨论中，我们可以得出这样的结论：有机生命体以及它所经历的所有生物学相关过程，都必须要具备极大的"多原子"结构，以避免偶然的"单原子"事件产生太大的影响。"朴素的物理学家"认为这是非常重要的一点，因为这是有机体能符合精确的物理定律的保证。同时，有机体也能依据这些定律实现一些规则而有序的功能。那么，从生物学的角度出发，这些由先验（意思是，从纯粹的物理学观念）得出的结论与生物学的实际是否能够完美吻合呢？

乍看之下，人们往往会认为这些结论似乎无关紧要。比如，在30年前，也许就已经有生物学家提过这一点。可是，对一个通俗演讲者来说，统计物理学对有机体的研究有着像对其他领域一样的重要性，这个看法是很恰当的，尽管事实上这并不是什么新奇的理论，不过是稀松平常的道理而已。原因在于，对任何高等生物来说，不说它们的成年个体的躯体，即使是组成躯体的每个细胞都是由"天文数字"的分子组成的。而且，像30年前就已观测到的那样，无论是细胞内或细胞和外界相互作用的每一个生理过程，都包含了数量巨大的单原子和单原子过程。因此，即使是严格按照统计物理学的"大数"要求，物理学和物理化学定律的有效性也可以得到保证，这种要求就是前面提到的$\sqrt{n}$法则。

现在，我们已经知道这种观点是不正确的。因为下面我们将看到，在有机生命体中存在一些微小的原子群，它们小到无法满足精确应用统计定律的要求，却能在生物体内发生的非常有秩序和规律的事

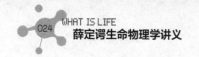

件中起到支配作用。它们控制着有机生命体在发育过程中形成的各种可观测的宏观性状，同时也决定了有机体的重要功能特征，所有的这些，都是一种非常精确而有序的生物定律的体现。

　　一方面我需要概括性地叙述一些生物学的知识，特别是遗传学方面的情况。也就是说，我不得不概述一门我并不在行的学科的现状，这些也都是迫不得已，我对我这些外行话感到非常抱歉，特别是对生物学家；另一方面，也请允许我稍带教条地向读者介绍一下主流的观点。不能期望一个拙劣的理论物理学家能够全面而又合理地评论各种生物实验材料，毕竟这些实验材料不仅包含着大量的、长期积累的、巧妙的繁育经验；同时，也包括了利用现代精密显微技术对活细胞进行的直接观察结果。

2. 遗传密码本（染色体）

　　生物学中有一个词用来描述有机体的成长发育，即所谓的"四维模式"。它不仅指有机生命体在一定发育阶段的结构和功能，同时还表示了有机体从受精卵到成熟期的整个发育过程。现在人们已经知道，整个四维模式仅由受精卵的结构决定，而且还是受精卵中的很小一部分，那就是它的细胞核。

　　当细胞处于正常的"休止期"时，细胞核表现为一团团的丝状染色质[1]，并分散在细胞中。而在有丝分裂和减数分裂这两个至关重要的细胞分裂阶段，可以观察到细胞核是由一组颗粒或棒状的东西组

1　顾名思义，这个词的意思是"可染色的物质"，就是说，在使用显微技术的染色过程中，此种物质可以被染色。

成，这些棒状物称为染色体，它们的数目可能是 8 条，也可能是 12 条，对人来说是 46 条[2]。按照生物学的一般用法，数学上应该写成 2×4，2×6，…，2×23，…称之为两套染色体。虽然单个的染色体都可以依据形状和大小准确辨别，但是两套中的染色体几乎是完全一样的。一会儿我们就会明白，这两套染色体一套来自母体（卵细胞）；另一套来自父体（精子）。这些染色体是它们在显微镜下的轴状骨架纤丝部分，包含了个体未来发育成熟的所有可能模式，这些模式以密码形式存在，每一套染色体中都包含全部的密码，因此，一个未来发育成个体的受精卵内含两套模式密码。

我们之所以把染色体的构造称为密码，是因为任何具有洞察力的人都能够通过观察染色体的结构，判断一颗受精卵在适宜的条件下，会发育成一只黑公鸡，还是一只芦花鸡，或是一只苍蝇，一棵玉米，一株杜鹃，一只甲虫还是一只老鼠，这正是拉普拉斯决定论中的因果关系的体现。还需要在这里补充一点，不同生物的卵外形的相似程度令人震惊：即使外观有些差别，比如爬行动物和鸟类的卵一般比较大，可是这些差异只在于卵中的营养物质，由于一些显而易见的原因，鸟类和爬行动物的蛋营养物质要比胎生生物多很多，可是受精卵中与遗传相关的结构部分却并没有很大的差异。

"密码"一词用在染色体上还是显得有些狭隘的，事实上，染色体不但决定了生长的模式，而且也是促使受精卵向预定方向发育的推动力。它是法典和执行权力的集合体，用另一个比喻来说，就是集建筑师的设计和建筑匠人的技艺于一身。

2　原文此处为 48 条，现已证明人类染色体为 46 条——译者注。

3. 个体通过细胞分裂（有丝分裂）生长

染色体在个体发育[3]的过程中是怎样变化的呢？

一个有机体的发育是通过细胞的连续分裂实现的，这种分裂称为有丝分裂。考虑到组成我们身体的细胞数量如此巨大，通常人们会认为每个细胞在一生中会频繁地进行分裂，事实并非如此。实际上，起初细胞分裂很快。受精卵分裂为两个子细胞，下一步两个子细胞分裂为 4 个，接着是 8 个，16 个，32 个，64 个……在发育过程中，身体各部分的细胞分裂频率有所差异，所以会打破这些数字的规律。通过简单的计算我们就可以知道，平均只需要 50 到 60 次的分裂，就可以获得一个成人的细胞数量[4]，如果将人的一生的细胞更替包括进来，总的细胞数量约是人体细胞数的 10 倍。所以，平均来看，我们现在身体上的每个细胞，不过是孕育出我们的那颗原始受精卵的第 50 代或 60 代的"子孙"。

4. 有丝分裂中，每个染色体都被复制

有丝分裂中，染色体又是怎样作用的呢？它们会自我复制，两套密码都会被精确复制，这是细胞有丝分裂中非常重要的一个过程，在显微镜下已经进行过深入的研究。鉴于其中的过程太过复杂，在这里不详细介绍。有丝分裂的一个显著特点是，两个子细胞都获得

---

3 "个体发育"是和"系统发育"相对应的概念，系统发育指整个生物系统在不同地质时期的发育；个体发育指个体在一生中的发育。

4 粗略估计成人体内的细胞数量约为 10^{14} 个或 10^{15} 个。

了和亲代细胞完全相同的两套染色体，或者说两套完全相同的遗传密码。因此，我们身上所有的体细胞都含有我们的完整的遗传信息[5]。

虽然目前人们对这种机制还不甚了解，可是，我们有理由相信，这种每个细胞，甚至是那些并不是很重要的细胞，都携带了本体全部的遗传信息的方式，一定以某种途径同有机体的机能密切相关。不久前，我曾在报纸上看到一篇报道，在非洲战役中，蒙哥马利将军要求他的军队里的每一名战士都要详细知道他的所有作战计划。如果事实真的如报道那样的话（考虑到他的军队具有很高的素质，这个报道很可能是真实的），那它真是给我们的例子提供了一个绝妙的类比，将军的每个士兵就好比人体身上的每一个细胞。有丝分裂最令人震惊的地方在于分裂产生的所有细胞中都保持了两套染色体，这也是遗传机制最显著的特点。然而，有一种情况却是例外，下面我们来讨论这个特例。

5. 减数分裂和受精

个体在发育一段时间后，会保留一组细胞用以在个体发育后期产生繁殖所需的配子，雄性个体产生的配子就是精子，而雌性个体产生的配子即为卵子。"保留"意味着在这期间，这些细胞不用作其他目的，和普通细胞相比只进行少数几次的有丝分裂。遗传机制的例外指的就是这些保留细胞将要进行的减数分裂。保留细胞会在个体达到成熟阶段，并通常在配子结合前的短时间内发生减数分裂，产生配子。

---

5 希望生物学家原谅，我在这简短的叙述中没有提及嵌合体这种例外情况。

减数分裂过程中，亲细胞中的每对染色体都会分成两个单独的染色体，两套染色体分组后，分别进入两个子细胞，使得子细胞中都含有一整套染色体，这个子细胞就是配子。也就是说，在减数分裂过程中，染色体并不像在有丝分裂中那样会自我复制数目加倍，而是维持数目不变，每个配子只得到原染色体数的一半，这意味着每个配子中只包含一套完整的遗传密码，而不是两套。比如人体的配子中只有 23 条染色体，而不是像体细胞那样拥有 46 条。

只含有一套染色体的细胞叫作单倍体（源于希腊语 απλονζ，意为单一），因而配子即为单倍体，通常一般的体细胞都为二倍体（源于希腊语 διπλονζ，意为双倍），一些偶然情况下，细胞中可能出现含有三套、四套……或是多套染色体的情况，相应地，这些细胞称为三倍体、四倍体或多倍体。

配子结合过程中，都是单倍体的雄配子（精子）和雌配子（卵子）结合形成一个受精卵，因此受精卵是二倍体，它的染色体一半来自父体，另一半来自母体。

6. 单倍体个体

还有一点需要澄清，虽然这对于我们的研究并非必须，但是充满趣味。因为它向我们说明了，每一套染色体都包含了完整的发育模式"密码"。

事实上，减数分裂后并不都是马上受精的，也有一些情况下单倍体细胞进行多次有丝分裂，形成都是单倍体的个体，雄蜂就是一个典型的例子。雄蜂是所谓的"孤雌生殖"的产物，即不存在原始的受精卵，而是直接由蜂后产下的单倍体卵子发育而成，就是说雄蜂是没有父亲的！它全身的体细胞都是单倍体，如果你乐意的话，完全可以把它看作一个超大号的精子，实际上，执行受精任务也是雄蜂这一生的使命。或许这听起来非常荒唐可笑，可是这不是绝无仅有的个案。一些植物也会通过减数分裂产生称为孢子的单倍体配子，这些孢子落入土壤后会独自发育成单倍体植株，且这样的植株和双倍体植株在形体上并没有显著的区别。

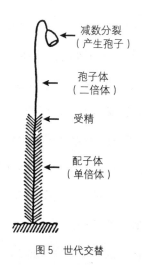

图 5　世代交替

图 5 是一种在森林中很常见的苔藓植物草图，下半部叶子茂盛的部分是单倍体植物，称为配子体；其顶端发育有性器官和配子，它们通过相互受精产生图中没有叶子的茎和顶部的孢子囊，这部分为二倍体植株，称为孢子体。孢子囊中发生减数分裂产生孢子，当孢子囊裂开时，其中的孢子落地后发育成新的一株配子体。如此循

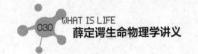
环往复，实现繁衍。这样的繁殖方式有个形象的称呼——世代交替。只要愿意，可以认为人类和动物的繁衍方式也与此类似，"配子体"是寿命很短的一代单细胞，类似于配子，至于是精子还是卵子要视具体情况而定，孢子体则类似我们的躯体，保留细胞就是我们的"孢子"，它们通过减数分裂产生一代又一代的单倍体。

7. 减数分裂的显著特性

在个体繁殖的进程中，受精并不是真正对后代起决定性作用的事件，承担这个重任的是减数分裂。每个个体中的两套染色体，都是一套来自父体；另一套来自母体，这并不是命运和机遇能够干预的。每个男人[6]都是一半继承自父亲，另一半继承自母亲，至于到底是父系占优还是母系占优，这又是另一方面的问题，具体的原因后面我们会讨论到（事实上，性别本身就是这种优势的很好例子）。

可是，当我们把遗传起源再往上追溯至祖父母一代时，情况就不一样了。现在，请允许我把注意力放在我父亲的染色体上，并先关注其中的一条，比如第5条染色体。这条染色体肯定要么是我祖父的第5条染色体的精确复制品，要么是我祖母的第5条染色体的精确复制品。1886年的11月，我父亲体内发生了减数分裂产生了精子，几天后一个精子就在我的诞生中起了作用。

上述过程中，最终精子里的第5条染色体究竟是祖母还是祖父的第5条染色体的精确复制品，两者出现概率为50∶50；父亲的第

---

6 每个女人也一样，为了避免冗长，此次演讲中我略去了性决定和伴性性状（如色盲）等很有趣的问题。

1，第 2，第 3……第 23 条染色体都是相同的情况，我母亲的每条染色体也是如此，只是需要修正其中的一些细节。一言以蔽之，人体的 46 条染色体到底继承自谁，都是相互彼此独立的。例如，假如已经知道我父亲的第 5 条染色体遗传自我的祖父约瑟夫·薛定谔，而他的第 7 条染色体到底来自我祖父还是我祖母玛丽·博格纳，两者的概率之比仍为 50∶50。

8. 交换，性状定位

前述的讨论可能会让读者形成这样的认识，一整条的染色体要么继承自祖父，要么继承自祖母，就是说，单个染色体在遗传给后代中是以条为单位遗传下去的。可是，生活中我们常会看见后代身上更多地表现出祖先们的混合性征，这又该怎么解释呢？事实上，染色体并不是，准确地说，并不总是整条地传递给后代的。在减数分裂阶段，比如发生在父体内的一次减数分裂过程，任何两条同源染色体分离前都是彼此紧靠在一起的，这段时间内，它们相互间有可能会发生如图 6 所示的整段交换。通过这种"交换"的方式，位于同一染色体不同部位的性状就会彼此分离，而孙代就会表现为一个性状像祖父，另一个性状像祖母。这种既不是很罕见也不是很频繁的交换，为染色体上的特性定位提供了宝贵的信息。如若要进行详细的论述，在下一章之前还得引入很多没有提过的概念（比如杂交、显性等），这就远远超出这本小册子的范围了，所以请原谅我只提几个要点。

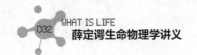

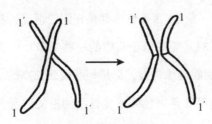

图 6　同源染色体交换
左：紧密连接的两个同源染色体
右：交换和分离以后的两个同源染色体

　　如果没有交换，位于同一条染色体上的两个性状将永远一同被遗传给后代，不可能发生后代只继承其中一种性状而没有继承另一种性状的情况；而位于不同染色体上的两个特性，则要么有 50% 的可能在后代上分离，或者必然分离。后者的情况发生在两个性状位于同一个祖辈的一对同源染色体上，因为这两条同源染色体永远不会一起遗传给下一代。

　　这种规律和概率被交换所打破。可通过精心设计广泛的繁育实验，详细记录后代特性的组成百分比，来确定交换发生的概率。经过统计分析，人们做出了如下的合理工作假设：位于同一条染色体（连锁）上的两个特性彼此间离得越近，它们被交换分开的概率越低，因为离得越近，它们之间可形成交换点的可能性就越低。而对于处在染色体两端的特性，每经过一次交换，它们都将被分开（这同样适用于分别位于同源染色体上的两个性状）。通过这种方式，人们期望借助"连锁的统计资料"，确定出每一条染色体的"性状分布图"。

　　这些期望已经得到了很好的验证。在一些经过了充足实验的实例中（主要为果蝇，但不完全是果蝇），被检验的性状实际上可分成好几个相互独立、没有连锁的群，有几条不同的染色体（果蝇有四条染色体）就有几个不同的群。每个群内的性状都可以画出一幅线性图，这张图定量说明了本群中任意两个性状的连锁程度，因此，可以很肯定地说这些性状的相对位置是固定的，而且，沿着一条直线定位，就如棒状染色体表现出来的形状一样。

不可否认，前述我们描绘的遗传机制概要仍然相当枯燥和空洞，甚至显得有些幼稚，因为我们并没有说明通过这些特性我们能了解些什么。同时，把本质是统一整体的有机体"模式"，割裂为一个个分离的性状，既不合适也不可能。事实上，我们在具体例子中想要说明的是：另一对先祖在某个常见的方面确实存在不同（比如，一个是蓝眼睛，一个是棕眼睛），那么他们的后代不是继承这一种就是继承另一种（不是有蓝眼睛，就是有棕眼睛）。我们在染色体上定位的就是形成这种差异的位置（专业术语为"位点"，考虑到物质结构的不同是"位点"形成的基础，也可称之为"基因"）。在我看来，相较于性状本身，性状的差别更为基础，虽然这样的表述在语意和逻辑上都显得很矛盾。事实上，性状的差别是不连续的，在下一章的突变会涉及这一点，我希望那时候现在我刚刚所描述的空洞、枯燥的机制会变得更加生动而多彩。

9. 基因的最大尺寸

前面的讨论中我们已经涉及了"基因"一词，它被用作表示一定的遗传性状的假设性物质载体。现在我要重点论述两个对我们的研究目的至关重要的问题：第一是基因尺寸的大小，准确地说，

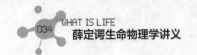

基因的最大尺寸是多少？或者说，我们能够对基因进行定位的最小尺寸是多少？第二是怎样从遗传模式的持久不变推论出基因的稳定性。

目前，有两种完全不同的估计基因尺寸的方法：一种以遗传学的育种实验结果为依据；另一种以细胞学上的直接观察结果为依据。第一种在原理上比较简单，首先用上面描述的方法，确定一条特定染色体上的大量显性性状（以果蝇为例）位置后，测量该条染色体的长度，将染色体长度除以性状数目后再乘以染色体横截面积，就可以得到基因体积的估计值。当然，只有那些因发生交换的分离的性状才被认为是不同的性状，所以它们并无法真正代表染色体的微观组成。显然，我们所得到的基因体积估计值都是最大值，随着研究工作的不断进展，遗传学分离出来的性状数目将不断增长。

另一种根据显微镜观察结果的估计方式本质上也不是一种直接的估计。由于某种原因，果蝇的某些细胞（唾腺细胞）尺度相较普通细胞增大许多，其中的染色体亦是如此。这些染色体在显微镜下可以分辨出其上有深色的密集横纹。C.D.达林顿曾认为，虽然这些横纹的数量（他研究的实例是 2 000 条）比较多，但和育种实验标定的位于同一条染色体上的基因数量处于同一个量级。他倾向于认为这些横纹即是实际的基因位置或基因之间的间隔。若将在一般尺寸细胞中测定的染色体长度除以横纹数目（2 000），就可得到基因的尺度。这样的估计结果显示，基因体积和一个边长 300 埃的立方体相当。可是这也是一种比较粗糙的估计方法，我们可以认为这样估计出来的基因体积和第一种方法的结果是一致的。

10. 微小的数量

接下来要认真讨论的是，统计物理学如何对上述实验结果进行解释，或者应该这样说，如何把统计物理学应用于活细胞，从而对这些事实进行解释。但是，先让我们关注这样一个事实：在固体和液体中，300埃的距离只能囊括下100—150个原子，因此，一个基因中包含的原子数量肯定不会超过1 000 000或是几百万个。从$\sqrt{n}$定律来看，以统计物理学的观点，要得到一个遵循一般物理学定律的有秩序、有规律的行为，这样的分子数目无疑不够。即使成分如同气体和液体中一样，所有原子都起到相同的作用，这个数目仍然显得不够。何况基因肯定不是一个均匀的液态物质，它或许是个大型蛋白质分子，其组成成分中的每一个原子、每一个自由基、每一个杂环都起着各自独特的作用，和任何一个其他类似的原子、自由基和杂环的功能总是不尽相同。总而言之，这是霍尔顿和达林顿等顶尖遗传学家所持有的观点，我们马上就要接触到一些非常接近于能够证明这些观点的遗传学实验。

11. 稳定性

现在让我们来看第二个和我们的研究目的关系重大的问题：遗传的稳定性究竟能够达到何种程度？什么样的特殊结构才能够成为这种遗传特性的载体？

其实并不用为回答这个问题而做专门的研究。从我们使用"遗传"这个词本身，就已经说明了我们几乎已经肯定了其特性的稳定

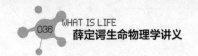

性。需要注意的是，父母遗传给孩子的并不止是诸如鹰钩鼻、短指头、风湿症、血友病、异色眼等个别的特征。诚然，我们可以很方便地选择这些性状进行遗传规律研究，但遗传特征本质上是这种个体的"表型"（可观察的、明显的）特征的整个"四维"模式，它们经历了若干世代仍重复出现，并没有什么明显的变化。虽然说不上几万年不变，可是至少在这几个世纪里是不变的。每一次的传递，承载它们的只是合成受精卵的两个细胞的细胞核结构，这是多么让人震惊的奇迹。要论比它更伟大的事，恐怕只有一件，如果说它俩是密切相关的话，那它也是另一个层面的奇迹。我的意思是指：人类的整个生命都是依赖于这种神奇的相互作用，而我们却依然能够获取这种相互作用的有关知识。我觉得，随着人类认知的不断深入，我们最终会几近完全了解遗传机制，但是关于人类的另一个奇迹，恐怕超出了人类的认知范围。

第三章

突变

变幻往复之物，限制于永恒之思想。

——歌德

1. "跳跃式" 变异——自然选择的物质基础

刚才用于论证基因结构的持久性的一般论据，在我们看来或许因为过于一般而缺乏说服力。有句老话 "例外为法则提供了证明" 在这里再一次得到了验证。如果子女总是和父母具有一样的特点而没有例外的话，那么，不但不存在那些为我们详细展示遗传机制的精彩实验，而且自然界也就不能上演通过自然选择和适者生存的机制造就物种的规模空前的实验。

我将以前面最后提到的重要问题为导引，介绍有关的实验——请原谅，我再次声明我不是生物学家。

达尔文曾经提出自然选择的物质基础是那些偶然发生的、细微而连续的变异，因为即使是最为纯净的族群中也存在这种变异。现在我们已经明确知道这是错误的。后来的事实证明，这些变异并不是遗传造成的。这是一个非常重要的事实，有必要简要提及。

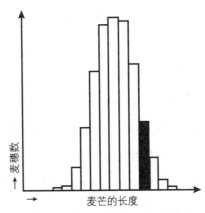

图 7 纯种大麦麦芒长度统计图。黑色组被选作播种

（本图细节并非来自实验，仅作说明使用）

如果我们有一捆纯种大麦，现在逐个测量每个麦穗的麦芒长度，并将获得的统计数据绘制成图表，将得到图7所示的柱状图。图中横轴表示的是麦芒长度，纵轴则表示具有一定长度麦芒的麦穗数量，统计绘制的曲线呈钟状，这说明，一定中等长度的数量占优，而高于或低于这个长度的麦穗的比例都将降低。假设挑出一组麦芒长度超过平均值的麦穗（图7中黑色标记），麦穗数量足以在一块地中播种并培育出一批新大麦，按同样的方法统计这些大麦的麦芒长度。依据达尔文的理论，他会这样预测，新统计曲线中的极大值将出现右移，或者说，通过一定的选择可以期望新麦穗的麦芒长度增加。事实上，如果用来培育的是真正纯种品系的大麦，就不会出现达尔文所预测的结果。采用选出的具有长麦芒的麦穗培育的后代统计出的新曲线和原始曲线完全一致。如若选用麦芒长度特别短的麦穗进行培育，也将得到完全一样的结果。人为的选种没有对麦穗后代的品性造成影响，这是因为细微的连续变异，并不是由遗传引起的。

可见，这样的变异不是基于遗传的物质结构，而是偶然发生的。那么，物种又是如何进化的呢？40多年前，荷兰的德弗里斯（De Vries）注意到一个现象：极少数（约万分之几）的纯系后代中出现了细微的"跳跃式"变异，德弗里斯称这种"跳跃式"变异为突变。突变的"跳跃"并不表现在变异的程度大，而是表现在变异的非连续性，即在发生变异的个体和未发生变异的个体间不存在中间状态。突变中蕴含的不连续性很容易让人联想到物理学中的量子理论，"相邻的两个能级之间不存在其他能态"，因此，突变也被称为"生物学的量子理论"。这不仅仅只是一个比喻，人们将会发现突变本质上是基因分子的量子跃迁的结果，二者的密切联系历经了整整一代人的时间才被发现。这是因为当德弗里斯在 1902 年首次发表突变的发现时，物理量子理论也仅仅问世两年，能同时了解这两个新发现的人已少之又少，更何况将它们联系起来呢！

2. 突变可以繁育后代，它们可以遗传

突变也同原始的、未发生改变的性状一样可以完全地遗传下去。如在前面提到的新收获的大麦中，会出现个别的麦穗完全不在图 7 所示的变异范围内，比如完全没有麦芒。这是一种德弗里斯突变，挑选这样的麦穗进行培育，它们的后代会和它们完全一样，也就是说，它们所有的后代也都是完全没有麦芒的。

所以，突变一定是遗传宝库中发生的某种变化，而且必然对应着遗传物质中的某些改变。事实上我们用来研究遗传机制的重要繁育实验，基本上都是在研究分析精心计划的杂交产生的后代，在这些繁育实验中，通常是已经发生突变（也可能是多重突变）的个体被用于和未发生突变的个体或者具有不同突变的个体进行杂交。从另一个角度来看，培育实验中后代和前代的性状完全相似，说明了达尔文所认为的物种进化的自然选择正是以突变为物质基础的，通过淘汰不适应环境的性状，留下最适合的性状这样一个优胜劣汰的过程而产生新的物种或是实现物种进化。因此，如果大多数生物学家所持的观点和我一致，那么只要将"细微的偶然变异"换成"突变"（正像量子理论那样把"能量的连续转移"替换为"量子跃迁"），达

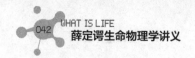

尔文的学说就没有什么其他地方需要修改了[1]。

3. 定位、阴性和显性

现在让我们再以稍显形式化的方式对突变的一些其他基本事实和概念进行评论，而不具体地逐个说明它们怎样源于实验证据。

可以这样初步认为，一个观察到的可确认的突变是在某条染色体的某个位置发生了变化，事实也确实如此。需要注意的是，发生变化的只是一条染色体的某个位置，而其对应的同源染色体对应的位置并

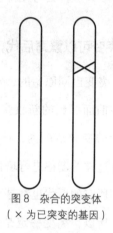

图 8 杂合的突变体
（× 为已突变的基因）

没有发生任何变化（如图 8 所示，× 处为发生突变的位置）。可以用发生突变的个体（突变体）和未发生突变的个体进行杂交实验来证明只有一条染色体发生突变这种事实，因为杂交产生的后代中统计的结果是一半表现出突变的性状；另一半仍维持原来的性状。如图 9 所示，这和理论的预期是相符的，是减数分裂中两条染色体分离产生的结果。图 9 是一个简化的"谱系图"，图中 3 个世代的每个个体都只用一对染色体表示遗传物质组成。可以看到，假如突变个体中

---

1 朝着有利的方向发生定向突变，是否对自然选择有帮助（或是可以完全替代它），这个问题已经有过充分的讨论，我个人对这个问题的看法无足轻重。但需要指出的是，我在后面的内容中完全没有考虑"定向突变"的可能性。此外，我也不会在这里讨论"切换基因"和"微效基因"，无论这种作用在选择机制和演化中扮演的角色多么重要。

两条染色体都发生突变，那么，后代中的每一个个体都将具有相同的遗传特性（混合型），且和父本、母本都不相同。

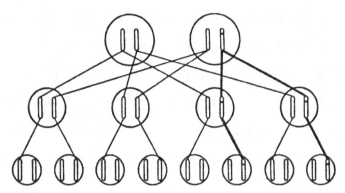

图 9　突变的遗传　单线代表正常染色体的传递，双线代表突变染色体的传递。第三代中未说明来源的染色体来自图中第二代的未标明的配偶。假定这些配偶未发生突变，也不是亲戚。

然而，在遗传学领域进行的实验要远比我们前面讨论的内容复杂，这就涉及另外一个重要的事实，就是使遗传变得复杂的潜在性突变，这究竟是什么意思呢？

存在这样的情况，突变体中两套"遗传密码本"已经不再是完全一样的了，至少在发生突变的位置，已经是两个不同的"密码"或是"版本"了。有些错误的观念往往会认为原始版本才是"正统的"，而突变版本则是"异端的"。然而，从本质上说原始的性状最初也是源于突变，所以原则上我们必须认为突变和原始性状具有同等地位。

现实中的一般情况是，一对杂合的染色体表现出的性状有两个版本，个体的"模式"表现出的只是两个版本中的一个，这个被表现出来的版本称为显性的，未被表现出来的版本则称为隐性的。两

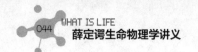

个版本可以是正常的，也可以是突变的，也就是说，突变可根据是否影响到"模式"的性状表现分为显性突变和隐性突变。

突变中隐性突变的概率甚至比显性突变的概率更高，虽然它们在一开始并不表现出来，然而它们却是非常重要的。只有在两条染色体上都出现隐性突变（纯合隐性突变），遗传模式才会受到影响。纯合隐性突变个体的出现需要两个相同的隐性突变体杂交或是一个突变体自交产生，在雌雄同株的植物中可观察到这种现象，甚至可能自发产生。不难知道在这样的情况下，大约1/4的后代都属于纯合隐性个体，而且它们的模式也将表现出可观察的隐性突变性状。

4. 介绍一些术语

为了将问题讲述清楚，有必要介绍一些术语。实际上，在前面关于"不同版本"密码的介绍时，已经使用了"等位基因"来描述相同位点上的对等基因。如图8所示，如果遗传物质中两套密码是不同版本的，我们就说在这个位点上该个体是杂合的；相反，如果遗传物质中两套密码完全相同，比如非突变个体或是如图10所示的情况，则我们称该个体是纯合的。隐性的等位基因只有在纯合时才会对模式产生影响；而显性的等位基因在纯合个体和杂交个体中都表现出相同的模式。

通常来说，有色相对于无色（或

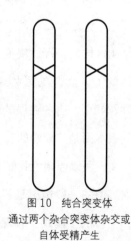

图10　纯合突变体
通过两个杂合突变体杂交或
自体受精产生

白色)都是显性的。例如,在豌豆中,只有其内的同源染色体上都有"白色隐性等位基因"时,也即当它是"白色纯合体"时,豌豆才会开白花;而且用它进行纯种繁育时,后代也都是隐性纯合体,开白花。但是,如果有一个"红色等位基因"(另一个是白色隐性等位基因,杂合个体),豌豆就会开红花,当然,两个都是"红色等位基因"(纯合体)的豌豆也开红花。两种开红花的情况可通过后代的性状辨别,杂合的红色后代中会出现开白花的个体,而纯合的红色后代全部开红花。

两个性状表现完全相同的个体虽然外观上无区别,它们的遗传性状却有可能不同,这个事实非常重要,需要严格予以区分。遗传学家对这种情况的描述是:它们的"表现型"相同,但"遗传型"不同,因此,我们可以用一些简练的专业术语对前面几节内容进行总结:

隐性基因只有在遗传型是纯合的时候才能影响表现型。

一些时候我们需要用到这些专业说法,必要时会向读者解释它们的含义。

5. 近亲繁殖的潜在危害

如果隐性基因是杂合的,自然选择就对它们不起作用,假如它们是有害的(突变通常是有害的),它们也不会被消除,因为它们只是潜在的。于是,大量的不利突变会累积起来,却不会对本体立即造成伤害。但是,它们一定会被传递给半数的后代,这对人、家畜、家禽和所有我们关心其体质的物种都适用。

如图9所示,假设一个雄性个体(具体点,比如我自己)以杂合的状态带有一个隐性有害突变,因此并没有表现出来。如果我的

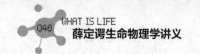

妻子没有这样的突变，那么我们的孩子中有半数（图9中的第二代）也将以杂合的方式携带这种突变。若是他们的配偶都是非突变个体（为了不产生混淆，图9中子女的配偶都被省略），那么我的孙辈中大约有1/4也将以杂合的方式受到这种突变的影响。

除非都携带有害突变的个体相互杂交，否则，隐性有害突变的影响将不会显现出来。不难明白，这样杂交的结果是后代中1/4的隐性纯合体，都将表现出具有危害性的性状。除了雌雄同株植物的自体受精之外，最具潜在风险的就是我的儿子和我的女儿结婚。他们两个人都有一半的机会受到有害突变的影响，因此乱伦的婚姻中存在1/4的危险，而对于两个隐性杂合体的后代，有1/4的可能表现出隐性突变的性状。因此，对于乱伦婚姻中诞生的后代，受到隐性有害基因的影响的系数为1/16。

倘若我的两个"纯血缘"的孙辈结婚，即表（或堂）兄妹间通婚，用同样的方法可以得出他们的后代受隐性有害基因影响的危险系数为1/64。这看起来并不是一个很大的概率，因此，事实上这种婚姻常被容许。可是，我们不要忽略了，我们仅仅分析了祖辈配偶（我和我的妻子）中只有一方携带一种潜在损害带来的结果，实际上，祖辈配偶双方都很可能携带有好些种潜在损害。假如你知道自己身上有一种潜在损害，那么可以推断，在你的8个堂（或表）兄妹中有一个也存在这种缺陷。动植物的实验都呈现出这样的结果：除了一些罕见的、严重的缺陷外，还存在许多较小的缺陷，这些缺陷产生的概率组合在一块儿，会使得整个近亲繁殖的后代出现严重衰退。既然我们已经不能再使用斯巴达人在泰杰托斯山那样消灭弱者的残暴方式，我们就必须严肃对待人类中发生的这些情况：人类中，适者生存的自然法则已经被大大削弱，甚至是转向了反面。如果说在比较原始的时代，战争还有使得优秀部落能够繁衍下去的积极意义，那么当今世界，各地大批健康青年被战争不分优劣地屠杀，战争就连这点意义也消失了。

6. 综合的和历史的评述

杂合时隐性等位基因完全被显性等位基因压制，无法产生任何一点可见的性状，这是一个令人震惊的事实。不过，应该说明这是存在例外的。例如，同样都是纯合的白色金鱼草和深红色金鱼草杂交，那么所有的后代都将表现为一种中间型，即粉红色（并不是预期的深红色）。一个更重要的例子是，血型同时受两个等位基因的影响，不过我们不能在这里深入讨论。倘若最终弄清楚隐性基因可以划分为几个不同等级，且和用来检测"表现型"的实验的灵敏度密切相关，那么对上文说到的例外我将不会感到惊讶。

这里我或许应该讲一讲遗传学的早期历史。遗传学的主体，即亲代的各种性状如何在后代中世代相传的遗传规律，特别是隐性基因和显性基因的重要区别，都应归功于 G. 孟德尔（1822—1884 年），一位著名的奥古斯丁教派修道院院长。孟德尔并没有提出突变与染色体的概念，他在布隆（布尔诺）修道院的花园中进行他的实验，实验中他栽种各种品种的豌豆，并用不同品种的豌豆杂交，观察它们各自后代的性状。

你会发现，他利用的是自然界中现成的变异来完成的实验。早在 1866 年，他就将他的实验结果发表在了《布隆自然科学学会会报》上，然而，那时候没有任何人对这个修道院院长的实验感兴趣。谁曾想，他的发现会成为 20 世纪一门全新的科学分支，一门当代最引人注意的学科的指导原则。他的论文曾遭到世人的遗忘，直到1900 年才被 3 个人同时独立地重新发现，他们分别是：柏林的科林斯（Correns）、阿姆斯特丹的德弗里斯（De Vries）和维也纳的切尔马克（Tschermak）。

7. 突变为什么必须是罕见事件

迄今为止，我们都把注意力集中在有害突变上，虽然这种类型的突变确实更为普遍，但是必须明确的是，确实也存在有利突变的情况。倘若自发突变是物种进化道路上的一小步，那么似乎可以这样认为：一些变异是物种以偶然的方式，冒着自身可能被自然选择淘汰的风险做出的"尝试"。由这引出非常重要的一点：为了成为适合自然选择的原材料，突变必须是罕见事件，事实上，自然突变确实如此。假设突变是一种频繁发生的事件，那么在同一个个体上就有可能发生十多次不同的突变，而突变可能有害的概率要远远高于有益的概率，这将导致物种无法通过自然选择获得改良，相反，物种的发展会停滞不前，甚至走向灭亡。可见，基因的高度稳定性造就的基因相对保守性非常重要。比方说，对一家大型工厂而言，为了达到更高更好的生产效益，就必须不断革新技术，即使这些技术未经证实也需要在实践中加以验证。而为了确认新技术是否对提高生产力有效，必须每次只采用一项新技术，而生产工艺的剩余部分

仍要维持不变。

8. X射线诱发的突变

现在让我们简要概述一些遗传学研究工作，这些精巧的实验对我们的讨论很有意义。

用 X 射线或 γ 射线照射亲代，子代中产生突变的百分比，即所谓的突变率，相较于自然突变可提高好几倍。这种突变和自然突变并不存在本质上的不同，只有数量上的差异。因此，人们认为所有的"自然"突变都可以通过 X 射线照射诱发产生。在培育的大量果蝇中，经常可以发现自发产生的特殊突变，如第二章 7、8 节描述的那样，这些突变在染色体上被准确定位，并赋予了专有称谓。人们甚至还在染色体上发现了所谓的"复等位基因"，就是说在染色体的同一位置上，不但存在正常的未突变"版本"，同时还有两个或两个以上不同的"复本"。这说明了在那个特定的位点上，不但有两个基因可供选择，而且可能存在 3 个，甚至多个。当其中的两个版本一同出现在同源染色体的对应位置时，它们彼此便形成了显－隐关系。

X 射线诱导突变实验表明，每一种特定的转变，不管是正常个体变成特定的突变体，还是反过来，都对应着特定的"X 射线系数"。它表示用单位剂量 X 射线照射在子代形成之前的亲代，下一代中产生突变的百分比。

9. 第一定律：突变的单一性

另外，X 射线诱发突变的规律是非常简单而颇具启发性的。下

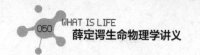

面的内容参考了一篇发表在 1934 年《生物学评论》第 9 卷上的报告。作者铁莫菲也夫（Timoféeff）在该报告中有较大篇幅阐述了自己的出色工作。第一定律是：

（1）诱发突变的增长同射线剂量成正比，因此，采用增长系数来表示这种比例关系是合理的。

人们通常会觉得这种简单的比例关系稀松平常，因而这一简单法则所产生的深远影响往往容易被低估。为了理解这一点，我们可以联想一下，比如一种商品的总价并不是和商品的数量成正比，平常你到商店买 6 个橘子是一个价格，某一天你突然买了一打橘子时，店主可能会非常感动，把橘子卖给你的价格也许会比平常 6 个橘子的两倍要少。要是在货源不足的情况下，则可能完全相反。依据目前的情况，我们可以推断，如果前一半的剂量引起了后代中的 1/1 000 发生了突变，那么对其余的后代是毫无影响的，既不增加它们发生突变的可能，也不能使它们免于发生突变。否则，后一半的剂量也不会恰好引起后代中的 1/1 000 产生突变。所以，连续小剂量辐射产生的积累效应不是突变发生的原因，突变一定是在照射期间发生在染色体内的某种独立性事件。那么，这是哪种类型的事件呢？

10. 第二定律：突变的定域性

第二定律可对上述问题做出回答：

（2）只要维持供给剂量不变，即使大幅度地改变射线性质（波长），从软性的 X 射线到硬性的 γ 射线，突变系数也保持不变。

一般用伦琴单位来计量射线剂量，即按照经过适当选择的标准物质（如 0 摄氏度时，一个标准大气压下的空气）在射线照射下每单位体积中产生的离子总数来度量。这就是说只要在亲代受照射的位置和时间内，测定发射的电离的总数不变，则突变系数也保持不变。

选用空气作为标准物质，除了方便外，还有一个重要原因。那就是有机体的构成元素的平均相对原子质量与空气相同，这样，只需将空气中的电离数乘以两者的密度比，就可以估算出有机组织中发生的电离或类似过程（激发）的总数下限[2]。因此，引起突变的单一事件就是：在生殖细胞中某个"临界"体积内发生的电离或类似作用。这一点已经十分确定，可以通过比较严格的研究印证。那么，这个临界体积到底多大呢？我们可以结合已经观察到的突变率，基于下面这样的考虑做出估计：假设 1 立方厘米体积中包含 50 000 个离子的剂量，而这样的剂量使得照射区中的配子产生特定突变的概率是 1/1 000，那么我们可以推断要产生这个突变，电离必须击中的"目标靶"体积为 1/50 000 立方厘米的 1/1 000，也就是 1/50 000 000 立方厘米。当然这并不是精准的数字，只是用来说明如何进行体积估计的问题而已。

进行实际的估计时，可采用 M. 德尔勃吕克模型，此种方法在一篇德尔勃吕克、铁莫菲也夫和 K.G. 齐默尔（Zimmer）合作的论文[3]中有论述。后面两章我们将进行详细讨论的学说也主要源于这篇文章。论文中他们得出的体积为边长大约 10 个平均原子距离的立方体，也就是说相当于 10^3=1 000 个原子体积那么大。通俗地说，电离作用

2　因为可能存在其他无法用电离测量对产生突变有影响的类似过程，所以称为下限值。
3　《格廷根科学协会生物学报道》第 1 卷，第 189 页，1935 年。

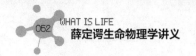

（或激发）发生在距离染色体某个特定位点不超过 10 个平均原子距离的范围内时，很可能就会诱发突变。对这个问题后面我们将会更加深入地探讨。

铁莫菲也夫等人的论文中还有一个颇具实际意义的启示，尽管这和我们现在的研究可能没什么关系，可是我觉得有必要在这里提及。现代社会中我们总是不可避免受到各种各样的 X 射线辐射，大家都知道这有可能会产生诸如烧伤、绝育、X 射线癌等直接伤害。因此，对于频繁接触 X 射线的医护人员，专门配备了铅屏和铅围裙进行防护。但是，问题在于，这些措施即使能够有效地防止 X 射线对个体产生的直接伤害，却无法有效防止在生殖细胞中产生的细微且有害的突变。无疑，这是一种间接伤害，就是前面我们讨论近亲婚配会产生不良后果中的那种有害突变。以一种简单的方式说得严重些，假如祖母从事的是长期受 X 射线照射的护士工作，那么孙辈的表（堂）兄弟姐妹结合对后代造成危害的可能性将大大提高。虽然我们任何个体并不需要对此忧心忡忡，可是对整个社会而言，这种潜在的突变对人类逐步产生有害影响的可能性，必须得到足够的重视。

第四章

量子力学的论据

点燃你的思绪，让想象力如炽热的火焰般
在形象比喻的领域里肆意奔放。
——歌德

1. 经典物理学对基因持久性的无能为力

在生物学家和物理学家的共同努力下，借助于精密的 X 射线仪器（物理学家会记得，30 年前正是借助于这种仪器，晶体的详细原子晶格结构才被人所熟知），基因——这种决定了物种宏观性状的物质结构——其体积上限已经被极大地降低，而且远远低于第二章第 9 节中得出的估计数。这引出了一个需要我们认真对待的问题：只包含了如此少量原子（通常约为 1 000 个，可能还要少）的基因结构，却拥有如此持久的稳定性，并表现出极具规律的活动，该如何从统计物理学的角度合理解释这两方面协调共存的事实呢？

让我们举个生动形象的例子来说明这种令人称奇的现象。在哈布斯堡王朝中，一些成员长着一种很丑的下唇（哈布斯堡唇），王室支持了维也纳皇家科学院对这种唇的遗传进行仔细研究，研究结果连同历史肖像一同被发表了出来。研究表明，这种性征是由正常唇型的一个孟德尔式等位基因引起的。通过仔细比对这个家族中的 16 世纪成员肖像和 19 世纪后裔肖像，可以肯定地判断，决定这种畸形性征的基因物质结构世代相传了几个世纪，尽管每一代的细胞分裂次数并不是特别多，但在每次细胞分裂中这种结构都被精确地复制。同时，这个基因结构包含的原子数量和 X 射线实验测量的原子数目处于一个量级。这就是说，基因在 98 华氏度（36.67 摄氏度）的温度下，全过程不受热运动的无序性趋势的影响保持了几个世纪，我们该如何理解这样一种现象呢？

对于处在 19 世纪末的物理学家，如果打算想要只使用他能够说

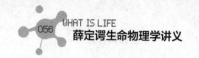

明的、真正理解的自然法则来解释这个问题，肯定是无能为力的。事实上，用统计学的观点进行分析，就会得出答案（如我们所见，这是正确的答案）：基因这种物质结构只可能是分子结构。因为当时的化学界，已经纯粹靠经验广泛了解到原子集合体的存在及其具有的高度稳定性，但是分子保持一定形状的原子间强结合键的本质对化学家来说还是未知的谜。因此，上面这个答案虽然是正确的，可是把一个人们还一无所知的生物稳定性归因于人们同样是一无所知的化学稳定性，这样的答案就很难谈得上有价值。假如以一个本身未被证明的原理，去论证两个表面相似的特性，那么即使论证过程科学合理，证明结果也是靠不住的。

2. 量子论可以解释基因的稳定性

量子理论为这个问题提供了解释。就目前的认知情况，遗传机制和量子理论的基础紧密相关，确切地说，遗传机制是建立在量子理论的基础之上的。量子理论由马克斯·普朗克（Max Planck）于1900 年提出，而现代遗传学理论则可以追溯至 1900 年德弗里斯、科伦斯和切尔马克重新发现孟德尔的论文和德弗里斯的关于突变的论文（1901—1903 年）。可以看到，这两大理论几乎诞生于同一时间，而两者要发生联系的前提是，两种理论都必须发展成熟，这也是必然的。1926—1927 年，量子理论已经诞生了 1/4 个世纪，化学键量子理论的普遍理论才由 W. 海特勒（Heither）和 F. 伦敦（London）给出。海特勒 – 伦敦理论引用了量子理论最新发展的深奥而复杂的概念（"量子力学"或"波动力学"），这其中的相关理论，不使用微积分的思想几乎是描述不清的，或者说，至少需要另一本类似本书的小册子才能将其描述清楚。庆幸的是现在全部工作都已完成，人们的思想也可以利用这些成果进行澄清。我们已经可以直接关注最重要的事情，直截了当地论述量子理论中最重要的概念——"量子跃迁"——同突变之间的联系，这就是我想要在这里做的事。

3. 量子理论——离散状态——量子跃迁

量子理论最重要的发现在于揭示了"大自然之书"中的离散性，在此之前的观点都认为，自然界除了连续性外其余都是荒谬。

首先是能量，经典理论认为，物体的能量总是连续变化的，比如摆动中的摆，在失去动力后受空气阻力影响逐渐变得缓慢。令人惊奇的是，由量子理论证明原子尺度的这种微系统的行为完全不同。依据一些在此处无法详述的理由，必须假定这样的小尺度系统只能具有某些特定大小的不连续能量。这些不连续能量称为能级，是系统自身固有的属性。系统由一种能量状态转换到另一种能量状态是一种神秘的事件，通常称为"量子跃迁"。

此外，能量并不是系统的唯一特征。仍以摆为例，假定它能做各种运动，一个重球悬挂在天花板垂下的一根绳子上，它能在东、西、南、北任意方向摆动，也可以做圆形或椭圆形的旋转运动。用风箱向球徐徐吹气，就能使它从一个运动状态连续地转变为另一个运动状态。

可是对于原子这种尺度的系统而言，大部分这样的或和这样类似的特征都是不连续地发生变化的——在此我们不进行详述。类似

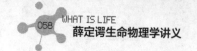
能量一样，这些特征都是"量子化的"。

这样的结果就是当许多个原子核，连同围绕它们周围的电子，彼此接近组成一个系统时，从本质上说系统是不能像我们主观认为的那样可任意选一种构型的。其本性使其只能从大量但不连续的"状态"中匹配。这一系列状态通常被称为能级，主要原因是能量在特征中扮演了重要角色。但是需要注意的是，完整的状态所包含的内容要比能量广泛得多。实际上，一种状态对应着系统中所有原子的一种确定构型。

"量子跃迁"就是系统从一种构型转变为另一种构型。如果后者具有较高的能量（即所处能级较高），那么系统需要向外界环境汲取能量，这些能量至少要达到两个能级间的能量差额，才能使跃迁可能发生。同时，系统也可以通过向外界辐射能量的方式自发地从高能级降到低能级。

4. 分子

在给定的一系列不连续原子状态中，虽未确定，但是有可能存在一个能量最低能级，该能级中各原子核已经相互紧密靠拢，这种状态下原子实际上已经组成了分子。需要强调的是，分子必须具有一定的稳定性，只有外界提供足够的能量，分子才能够跃迁到临近的较高能级，否则，分子构型不会改变。所以，能级差本质上可视为分子稳定程度的定量衡量指标。可见，能级的离散性这个量子理论的基础和分子稳定性联系得多么紧密。

读者们请注意，上述这些描述已经过化学实验的彻底检验；此

外在解释化学原子价的本质、分子结构、分子结合能和不同温度下的分子稳定度等方面都有很成功的应用。现在我们的论述已涉及海特勒－伦敦理论，前文已经提到过，本书无法对这个理论进行详细讨论。

5. 分子的稳定性和温度紧密相关

下面我们重点考察分子在不同温度下的稳定性，以及解决我们前面提出的生物学问题。假设原子系统最初处在它的最低能级状态，在物理学内称这个系统为处在绝对零度的分子。如果要把这个系统提升到相邻的能量较高能级，就必须向系统供给一定的能量，而最简便的供能方式就是给分子"加热"。将系统置于一个高温环境中（"热浴"），周围环境中的分子或原子就会对它产生冲击。由于热运动的完全不规则性，因此，不存在一个确定的、分明的能立即产生"泵浦"的温度界限。准确来说，只要高于绝对零度的任何温度，都有产生"泵浦"的可能，这种事件发生的概率无法确定，但随着温度的升高而增大。一种表示这种事件概率的比较好的方式，就是标明为了"泵浦"发生所必须等待的平均时间，或称为"期待时间"。

M. 波拉尼（M. Polanyi）和 E. 维格纳（E. Wigner）的研究表明，"期待时间"的大小和两种能量密切相关，一种是"泵浦"发生所需要的能量差额（用 W 表示）；另一种是特征能量（用 kT 表示，T 表示绝对温度），表明了一定温度下热运动的强度特性。一般可以合理地认为，W 和 kT 的比值越大，"期待时间"越长。就是说"泵浦"发生所需要的能量差额和热运动本身能量之比越高，实现"泵浦"的

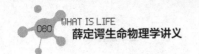

概率就越小，因此期待时间就越长。令人惊异的是，W 与 kT 比值的很小变化，可引起期待时间的巨变。比如德尔勃吕克的例子，W 与 kT 的比值为 30 时，期待时间也许只约为 1/10 秒，当两者比值上升到 50 时，期待时间延长到了 16 个月，而当它们的比值达到 60 时，期待时间已经增长到了 30 000 年！

6. 数学的插曲

如果读者对数学比较感兴趣，会发现这种对温度变化或能级改变极度敏感的情况，可以用数学语言结合一些相关的物理说明来直观地解释。这个原因就是，期待时间（表示为 t）和比值 W/kT 两者在数学上为指数函数关系。即

$$t=\tau e^{W/kT}$$

τ 为 10^{-13} 或 10^{-14} 量级的小量。

这个指数函数并不仅仅是一种偶然的特性，事实上，它是一个非常重要的参量，热的统计理论便是以它作为理论框架支撑的。它可视为对某种概率的度量，该概率表达了系统某个部分中偶然地聚集起 W 量级能量的不可能性。当 W 和平均能量 "kT" 的比值增大若干倍时，这种不可能性也就爆发性增长。

其实，上面举的例子中 $W=30kT$ 已经属于比较罕见的情况了，但仍未导致很长的期待时间（上例中为 1/10 秒）的原因就在于 τ 是一个极其小量。τ 有明确的物理意义，它表明了系统的振动周期数量级。概括性地说，这个因子可认为是积聚起发生 "泵浦" 所需能量 W 的机会，这虽然是个极小量，可是每秒内约发生 10^{13}—10^{14} 次振动，

而在每次振动中都有这样的机会出现。

7. 修正一

在前面对分子稳定性的探讨中，我们实际上已经认为量子跃迁（我们称为"泵浦"）必然导致下列两种结果之一：要么分子完全分解，要么分子发生了原子排列重组，组成分子的原子按完全不同的排列方式组成新的分子，化学上称为同分异构体，新旧分子在本质上是不同的分子构型，也是不同的物质。应用到生物学领域时，这些不同的构型则被认为是相同"位点"上的不同等位基因，而不同构型之间的量子跃迁则被认为是发生了突变。

对这个解释我必须做两点修正，为了方便读者理解，我特地说得简单一些。前面的论述可能会让很多读者认为，一群原子只有在能量极低的状态下才会形成我们所说的分子，而处在能级稍高一些的时候已经是一些"新的东西"了。事实并非如此，实际上，在最低能级上方密布了一系列不涉及分子构型的变化的能级，这些能级实际只对应了原子间的微小振动，这类振动在上一节内容中我们已经进行了论述。它们也是"量子化"的，只不过从一个能级跃迁到相邻能级需要的能量很小。所以，低温时，"热浴"中粒子的碰撞足以形成振动激发。假设分子是一种连续的绵延结构，这些振动就可以被视为穿过分子却不对分子产生任何破坏的高频声波。

因此，第一个修正只是一个细微改动：忽略能级图的"精细结构"并不会造成实质上的影响。"相邻的较高能级"表示的是能够对分子构型引起不太小变化的相邻能级。

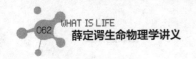

8. 修正二

第二个修正更加难以解释，因为涉及各种能级图的一些复杂却很重要的特性。存在这样的情况：两个能级之间的自由通路被切断了。低能级无法获得能量供给跃迁至高能级，事实上，较高能级到达较低能级的通道也可能被切断了。

让我们从一些经验事实出发。同分异构体（希腊语义为"由相同部分组成的"）对化学家来说都不陌生，它们是相同原子团以不同结合方式组成的不同分子，就是说原子团组成分子的形式并不限于一种。同分异构现象并不是一种特殊现象，而是一种规律。组成分子的原子数越多，同分异构体可能的结构组成就越多。图 11 就是一个简单的例子。图中给出了两种丙醇的结构，两种丙醇的组成原子都为：碳原子 3 个（C）、氢原子 8 个（H）和氧原子 1 个（O）[1]，氧原子可以位于任何碳原子和氢原子之间，可是只有如图所示的两种组成结构才是自然界真正存在的物质结构。两个分子具有完全不同的物理常数和化学常数，而且它们的能量也不相同，代表着两个不同的能级。

---

1 演讲时我展示了一个模型，分别用黑色、白色和红色木球代表碳原子、氢原子和氧原子。本书中未绘制模型图，因为模型图并不会看起来比图 11 更像实际的分子。

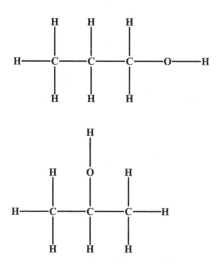

图 11　两种丙醇的同分异构体

需要注意的是，这两个分子都具有完全稳定的状态，不存在从一种状态直接跃迁到另一种状态的情况，就好像它们都是处在"能量最低状态"。

原因在于这两种构型并不是"相邻的"构型，两种构型间要发生跃迁，必须先通过第三种构型作为中间过渡，但是这种中间构型的能量要比它们俩任何一个的能量都高。粗略地说，如果要把一个氧原子从某个位置中分出来，再把它插入另一个位置，这中间需要形成一个能量非常高的构型，否则，跃迁无法完成。图 12 可用来说明这种情况。图中 1 和 2 位置分别代表了两个同分异构体，3 位置代表了两者间的"阈"，两个箭头代表着"泵浦"的最少能量，即从状态 1 转变至状态 3 所需要的能量和从状态 3 转变至状态 2 所需释放的能量。

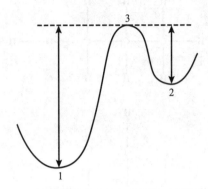

图 12 在同分异构体的能级 1 和 2 之间的阈能 3
箭头表示转变所需的最小能量

现在到了可以提出"第二个修正"的时候了，生物学中所感兴趣的就是这类"同分异构体"跃迁，本章第 4 节到第 6 节中说明"稳定性"所用到的就是这样的跃迁。我们提到的"量子跃迁"，指的是分子从一个相对稳定的构型转变到另一个同样相对稳定的构型，跃迁过程中所需要的能量（W）实质上不等于两构型对应的能量差额，而是初始能级与两能级中间阈值的差值（图 12 中箭头表示）。

如果跃迁发生在两个没有中间阈值的能级之间，那这种活动很难引起人们的兴趣，这不仅仅在生物学上是如此。实际上，这种跃迁对分子的化学稳定性无任何贡献，因为它并不能长期保持，引不起人们的关注。因为缺乏中间阈的限定作用，所以当它们之间发生跃迁时，几乎马上就恢复到了初始状态。

第五章

对德尔勃吕克模型的讨论和检验

就像光明在显露出自己的同时，也映射出了黑暗一样，
真理不但可以检验自身，也可以判别谬误。
　　　　　——斯宾诺莎《伦理学》第二部分，命题 43

1. 遗传物质的一般图像

由前面我们所论述的事实，已经可以对一些问题做出简要的回答：遗传物质这种只由少数原子构成的结构，能否长久抵御住来自分子热运动的干扰？我们假设基因是一个大分子结构，而分子中的原子重新排列是种不连续的变化，这种运动的结果就是产生大量的同分异构体。也许一种重新排列只会影响到分子中的一小部分，但大量的重新排列也不是不存在可能。将基因分子的实际构型和其同分异构体分开的阈值一定远远高于分子的平均热能，才能导致这种活动成为稀有事件，这种稀有活动就是自发突变。

本章的后面几节内容我们将把遗传学的事实，与德国物理学家M. 德尔勃吕克的基因和突变模型做详细的比较。在此之前，先让我们探讨一下德尔勃吕克理论的基础和一般性质。

2. 图像的独特性

深究生物学问题的本质，并将遗传物质的本源建立在量子力学的基础上，就必须这样吗？我敢肯定，"基因是一个分子"这种猜测在今天大家已经毫不陌生，不管是否认同量子论，对这个猜测持怀疑态度的生物学家已是寥寥无几。在上一章的第 1 节，对如何解释观察到的持久性，我们果断采用了先于量子理论问世的物理学家的观点。随后我们又对同分异构体、阈能以及 W/kT 对同分异构跃迁发生概率的重要决定作用展开了讨论，所有这些都表明，我们完全可以不依靠量子理论，而在纯粹经验的基础上对观察到的情况做出很

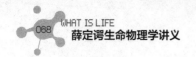

好的解释。既然我们无法将量子理论在这本小册子中论述明白,而且还有可能招致读者们的厌烦,为什么我们还要如此执着于量子力学的观点呢?

量子力学诞生的初衷是以第一原理为基础阐释原子的各种集合体这种自然界中普遍存在的情况。事实上它的出现并不是为了解释化学键,海特勒-伦敦键只是这个理论在某个机缘巧合下的推论,是以一种十分有趣却令人费解的方式自然出现的,以一种非比寻常的方式迫使人们接受。事实已经证明,已经观察到的化学实验结果和这个理论精准吻合。并且就如我说的,这一点独特而毋庸置疑,我可以十分肯定地说,在量子理论以后的发展中,不可能再发生类似的事情了。

所以,我可以大胆地断言,除了遗传物质的分子论外,不会有其他合理解释了。在物理学中也没有其他可以解释遗传物质稳定性的可能途径了。我想表达的第一点是,如果德尔勃吕克的观点最终被证明是错误的,那么,恐怕我们不能不放弃更加深入的尝试。

3. 一些错误概念

也许有人会产生这样的疑问:分子真的是由原子构成的唯一具有持久性的构型吗?就没有其他的构型可以维持这样的持久性?例如,一枚在坟墓中埋葬了几千年的金币,其表面不是仍然保留着印在其上的人像吗?不可否认,这枚金币确实是由大量原子构成的,且在这里,肯定没有人会将人像的保存完好归因于庞大数据的统计。这种情况也适用于水晶,它们埋藏在岩石中,历经了若干地质年代

也未发生变化。

这就涉及了我想要说明的第二点：事实上，一个分子、一个固体和一块晶体并不存在本质上的区别，以现代的认知观点来看，它们实质上没有什么不同。遗憾的是，我们的教科书中仍然保持着过去的认知传统，导致我们对这个问题并没有清楚的认识。

学校教授的有关分子的知识，并没有提及相较于液态或气态，分子更接近于固态这个事实，偏重的是物理变化和化学变化的区别。物理变化中，分子保持不变，比如熔化或蒸发都是物理变化，无论是固态、液态还是气态的酒精，都是由同一分子 C_2H_6O 组成；而化学变化中，生成的物质分子不同于反应前的物质分子，例如酒精的燃烧：

$$C_2H_6O+3O_2=2CO_2+3H_2O$$

该反应过程中，1 个酒精分子和 3 个氧气分子发生反应，原子重新排列后生成了 2 个二氧化碳分子和 3 个水分子，反应后的分子组成完全不同于反应前的分子组成。

对于晶体的认识，我们都学过它具有在空间 3 个方向上重复堆叠的晶格。晶格中的单个分子结构有时可以识别，有时并没有明确的分界。比如，酒精和许多有机化合物晶体中，可以明确识别单个分子结构；而在岩盐（氯化钠，NaCl）晶体中，每个钠原子都被 6 个氯原子包围，每个氯原子也同样被 6 个钠原子包围，不存在明确的规则把哪一对钠、氯原子指定为氯化钠分子，而是可以任意指定相邻的一对组成分子。

最后，教科书还教过我们，固体也有晶体和非晶体之分，后者称为无定形固体。

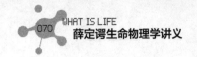

4. 物质的"态"

目前我们还没有彻底否认上面所有的说法和区别的打算，因为事实上，在某些应用中它们确实是有用的。但是对于物质结构的本质内涵，必须采用全新的标准来划分。本质的区别应包含在如下两个"等式"联系的状态之间：

分子 = 固体 = 晶体，气体 = 液体 = 无定形固体。

有一点需要简要说明，无定形固体并不一定是真正的固体，也并不一定是真正的无定形的。通常我们认为是"无定形"的木炭纤维，其石墨晶体的基本结构已经由 X 射线揭示，因此，木炭既是固体，也是晶体。那些还未发现晶体结构的物质，则可被视为"黏性"（即内摩擦）极大的液体，因为它们没有确定的熔化温度和熔化潜热，说明它们本质上并不是固体。加热后缓慢软化，直至液化的整个过程中状态都是连续地变化，这样的物质是不定形固体（记得在第一次世界大战快要结束时，维也纳曾出现过一种咖啡的替代品，这种物质看起来和沥青很像，用凿子或斧头将它砸成碎块时会出现类似光滑的贝壳一样的截面，而且一段时间后，它会自动溶化成液体，假如不小心将它搁置几天，它就会牢固地粘在容器底部）。

5. 真正本质的区别

前面我们已经对上述等式中的各种物态进行了说明，现在，我们再来看看为什么可以把分子视为一种固体或晶体这个要点。

我们需要知道一个事实，不管原子数量多少，原子组成分子时

原子间结合力和原子结合组成晶体时原子间的作用力性质完全相同，而且，分子表现出的结构稳定性也和晶体一样。请读者们注意，我们正是基于这种稳固性来解释晶体基因的持久性的。

物质间真正本质的区别是原子间的结合力性质，是否是海特勒－伦敦理论中的"固化力"。在分子和固体中，原子间是以这种性质的力互相结合的；在单原子气体中，就不是这种情形了；而在分子气体中，只有分子内原子才以这种方式结合。

6. 非周期性的固体

一般固体的生成往往始于一个很小的分子，这个小分子可称为"固体的胚芽"。从这个胚芽开始，以两种不同的方式发育生成大型集合体：方式一是一种比较乏味的方式——在三个空间方向上不断重复相同的结构，因此，只要一旦建立起周期性特性，集合体的大小往往没有一定限度，这是正在生长中的晶体遵循的方法；另一种方式则是有机分子所采用的，它不通过一味的重复来实现集合体的扩充，而是以一种非重复的方式逐渐扩大分子结构，组成分子的每个原子和原子团都有各自独特的作用，完全不同于其他原子和原子团，可以形象地称呼它们为非周期性晶体或固体。因此，可以这样表述我们的假说：一个基因，或许是整个染色体纤丝，是一种非周期性固体。

7. 微型密码内存储着丰富内容

人们经常会质疑，有机体未来发育所需的全部性状密码有这么多的信息，怎么能全部存储在受精卵的细胞核这么小的物质微粒中呢？一个被赋予了充分抵御能力，足以长久维持自身固有秩序的高度有序的原子聚集体，似乎是唯一能够胜任此项任务的物质结构。这种结构提供了大量可能的不同排列（同分异构），排列选择性之大完全可以将一个复杂的决定性系统的所有特征包容在一个较小空间范围内。说实话，在这类结构中，不需要太多原子就可以产生海量的排列可能。我们可以借助莫尔斯密码来理解这个问题。莫尔斯密码中只使用点（"·"）和杠（"-"）两种符号，假如每个字符串的符号数量超过 4 个，就可以编成 30 个不同代码；如果加入除点、杠之外的第三种符号，每个字符串的符号数不超过 10 个，就可以获得 88 572 个不同的代码；若是采用 5 种符号，每个字符串符号数不超过 25 个，那可获得的代码数会达到惊人的 372 529 029 846 191 405 个。

可能有人会对此提出异议，认为这个比喻不够准确。因为在莫尔斯密码中，组成成分可以不同，比如"··-"和"·--"，因此将它和同分异构体相比并不恰当。为了剔除这个不足，我们从第三种情况中挑出长度只为 25 的字符串，而且这些字符串都同时包括 5 种符号，每种符号恰好 5 个（就是 5 个点，5 条杠等组成的字符串）。粗略地估算，字符串数量可达到 62 330 000 000 000 个，后面几个零具体是什么数字，我已经不想耗费精力再去确定了。

当然，实际情况中，绝无原子团的每一种排列都可组成一个分子；况且，这是一种并不是任何密码都能够被采用的情况，因为遗传密码本身还兼有指导发育的控制功能。可是从另一个角度看，前面例子中我们选用的数目（25）仍然很小，而且我们只考虑了在一条直线上简单分布的情况。通过这个例子，我们只是想说明这样一个观点：就基因的分子组成结构来说，微型密码和一个高度复杂而独特的发育计划相对应，同时以某种方式包含了使密码生效的作用机制，这一点已经不再是完全无法想象的了。

8. 与实验事实的比较：基因稳定性，突变不连续性

最后，让我们再看看生物学实验事实和理论描述之间的比较。第一，理论描绘是否真的能说明观察到的基因稳定性？产生突变需要的阈值能量高于平均能量好几倍是否合理？是否在普通化学的作用范围之内？这些都是寻常的问题，无须查表就可以给出肯定的回答。化学家在进行物质分解工作时，一般都是在特定温度下进行，这要求所分解出来的物质分子在那个温度下至少有几分钟的寿命（这是比较保守的估计，通常情况，它们的寿命要远比这长）。因此，化学家所遇到的阈值，必须精确达到相应数量，才能实际解释生物学中可能遇到的任何遗传持久性问题。因为根据上一章第5节中的描述，当阈值在1—2倍范围内变动时，可以说明寿命从几分之一秒到几万年的变化。

为了以后参考方便，我在这儿再提一遍这些数字。上一章第5节中我们例举了阈值和平均能量比值对寿命的影响，当 W/kT 分别为30、50、60时，得到的寿命分别是1/10秒、16个月和30 000年。在室温下，对应的阈值分别为0.9、1.5和1.8电子伏特。"电子伏特"这个单位对物理学家来说非常方便，因为它的解释非常直观。比方说，上面最后一个数字（1.8电子伏特）就是指用2伏左右电压加速一个

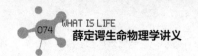

电子，电子用加速获得的能量撞击分子引起跃迁（作为比较，普通袖珍手电的电池电压为 3 伏）。

由上述分析可以看出，实际上由振动能的偶然涨落引起的分子某部分结构的异形变化，是非常罕见的事件。这对应了一次自发突变。因此，我们基于量子力学原理，成功解释了突变中最让人震惊的事实，那就是突变是不存在中间形式，完全"跳跃式"的变异。历史上也是这个事实，让突变吸引了德弗里斯的注意。

9. 自然选择基因的稳定性

当人们认识到任何可以引起电离的射线都能提升自然突变率时，有人可能会将自然突变归因于突然、空气中的放射性和来自宇宙的射线。但通过与 X 射线的定量实验比较，结果说明自然辐射程度过于微弱，只能解释一小部分的自然突变。

而假如采用热运动的偶然涨落解释罕见自然突变，那么大自然通过对阈值的巧妙安排，使得突变成为罕见事件，就不会令人如此惊奇了。因为就像前文所描述的那样，频繁的突变对进化是有害的。通过突变产生了很不稳定基因构型的个体，其"剧烈地"迅速发生突变的后代几乎毫无生存下去的可能。自然选择会帮助物种放弃这些个体，收集积累稳定基因。

10. 突变个体有时很不稳定

那些在繁育实验中出现的，被我们用来研究其后代的突变个体，我们自然不能期望它们能表现出很高的稳定性。原因可能是因为突

变的可能性太高而无法通过"考验",或者是虽然已经通过"考验",却在野生繁殖时被淘汰了。总之,要是有些突变个体其内发生突变的可能性要比其他个体高得多时,这一点也不令人意外。

11. 不稳定基因受温度的影响比稳定基因小

让我们来审视突变可能性公式:

$$t=\tau e^{W/kT}$$

(t 表示阈值为 W 时的期待时间),我们的问题可归结为: t 是如何随 T 变化的?从公式中不难得到温度分别为 $T+10$ 和 T 时,两 t 值的近似比值为:

$$e^{-10W/kT(T+10)}$$

比值为 e 指数,指数为负,比值小于1。因此,温度上升时期待时间减少,突变发生的可能性提高。该公式是经受了事实的检验的,相关的检验实验已经完成,实验中在昆虫耐受的温度范围内用果蝇作为实验对象。实验结果表明,随着温度的提高,具有较低突变率的野生基因发生突变的可能性明显提高,出乎意料的是,一些已经发生了突变的基因(突变率较高)的突变可能性并没有随温度的升高而增大,或者说,增大得并不明显。事实上,这样的结果是和上面两个公式的预期相符的。根据前一个公式,要使得 t 足够大(稳定的基因),则要求 W/kT 的值增大,而由后一个公式,当 W/kT 的比值增大时,期待时间比值就会减小。这就是说,随着温度升高,突变率将明显地增大(实际比值约为 1/2 到 1/5,其倒数 2 到 5 就是普通化学反应中所谓的范托夫因子)。

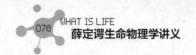

12. X 射线如何诱发突变

现在让我们来探讨 X 射线如何诱发突变这个问题，根据繁育实验的结果我们已经得到了如下两个结论：第一，（根据突变率和射线剂量的关系）引起突变的原因必定是某些单一事件；第二，（依据定量的结果，与突变率和波长无关，只由总电离密度相关的事实）产生某个特定突变的单一事件必定是一种电离作用或是类似事件，且发生的位置必须落入特定位点周围 10 个原子距离的空间内。依据这样的图像，可以推断电离或类似激发过程所提供的能量肯定是爆炸式的，因为一次电离作用消耗的能量（此能量并不是由 X 射线消耗，而是由其产生的次级电子所消耗）要达到 30 电子伏特，这是一个相当大的数值。放电点附近的热运动急剧增强，并通过原子强烈振动的"热波"形式向周围辐射，这种热波辐射能使得大约 10 个原子距离的范围内获得一两个电子伏特的能量，使处于该范围内的分子有克服阈能发生突变的可能。当然，一个细心的物理学家或许会推测，作用范围可能会更小一些。很多时候，爆炸的结果并不恰好是分子的一种异构跃迁，而是直接造成染色体损伤。通过巧妙的杂交试验，可以使未受损的同源染色体被受损染色体替代，而在这条染色体上的相应位点上的基因又是病态的，那么这样的结果就是致命的。所有这一切都可以预测，而且观察到的结果也与此相符。

13. X 射线的效率和自发突变率无关

由上述这样的一幅图像，即使有少数特性尚未被预测，考虑到

爆炸可能造成的多种效应，也不难理解它们。比如，在同样剂量 X 射线照射下，一个不稳定突变体的突变率平均来说并不比一个稳定突变体的突变率高，这就说明 X 射线诱发的突变率和自发突变率没有很明显的关系。这是因为，所需阈值能的差异，比如 1 电子伏特或者 1.3 电子伏特，对于能产生 30 电子伏特能量的爆炸过程来说都是能够轻松满足所需的，因此，最后产生的结果并不会因为所需阈能的不同而有所差别。

14. 突变回复

有时候需要从两个方向来研究突变，譬如，从一个"野生"型基因转变到某个特定的突变体,再从这个突变体回复至原来的"野生"型基因。对于这样的情况，我们会发现，自然突变率有时候是相等的，有时候却又相差很大。乍看之下似乎很难理解，因为这两种情况下需要克服的阈值能量似乎是一样的。然而，事实并非如此。这是因为突变阈值的度量必须从初态的能级出发，而野生型基因和突变体的能级可能并不相同（图 12 中的"1"可认为是野生型等位基因,"2"可认为是突变体等位基因，突变体的稳定性要比野生型低，图中的短箭头表示）。

总而言之，在我看来，德尔勃吕克的理论模型经得起事实检验，因而可以在进一步的研究中使用它。

第六章

有序，无序和熵

身体无法决定意识，意识也无法决定
身体的运动、休息和其他活动。
——斯宾诺莎《伦理学》第三部分，命题 2

1. 一个从模型中得出的惊人结论

让我先引用上一章第 7 节中的最后一句话，这句话中我想要表明的是，从基因的结构图像来看，我们可以设想"微型密码和一个高度复杂而独特的发育计划相对应，同时以某种方式包含了使密码生效的作用机制"，这是多么美妙而神奇的一种结构，那么它是怎样实现的呢？我们又怎样把"可以设想的"化为可以理解的呢？

德尔勃吕克模型只概括描述了遗传机理，其中并未包括遗传物质如何起作用的详细描述。老实说，我也并不抱希望物理学能在不远的将来就对这个问题给出详细的说明。不过我坚信，在生理学和生物遗传学共同指导下的生物化学，正在并将持续在这个问题的研究中取得进展。

显然，从我们前述关于遗传物质结构的一般性描述中，并无法得出遗传机制如何发挥作用的详细过程。然而，非常令人吃惊的是，恰恰是在这儿我们得出了一个普遍性的结论，说实话，这就是我写这本书的唯一原因。

德尔勃吕克关于遗传物质的普遍模型似乎向我们揭示了这样一个事实：生命物质不仅遵从我们已经发现并确立的物理学定律，甚至还可能涉及一些目前我们并不知晓的"物理学中的未知定律"，一旦这些未知的定律被揭示出来，毫无疑问，就像以前发现的定律一样，必然成为这门学科的一个重要组成部分。

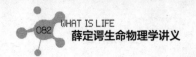

2. 建立在序基础上的序

这是一条非常奇特而不容易理解的思路，在许多方面都容易引起误解。剩下的内容中主要任务就是澄清这些误解。下面这些说明将给出一种稚嫩而又不都是谬误的初步见解。

如我们所知，物理学定律全部是基于统计原理，我们在第一章中已经对此做过说明。和这些定律密切相关的是事物从有序走向无序的自然倾向。

然而，为了使得遗传物质的持久性和其微小的体积相适应，我们只能通过一种假想的分子来摆脱无序的自然倾向。实际上，这是一种受到量子理论魔法庇护的大分子，是高度分化的有序性的产物。概率法则在这种假想的分子上并没有失效，只是被修正了，就像物理学家所熟悉的，许多物理学的经典定律都被量子理论重新修正，尤其在低温的环境下。这样的例子不胜枚举，其实生命就是其中之一，且生动而惊人。生命不以从有序转向无序的自然倾向为基础，它更像是物质有秩序和有规律的活动，并在某种程度上依赖现有秩序的保存。

在我看来，生命似乎是这样一个宏观系统，这个系统的一部分行为接近于和热力学相对立的纯粹的机械式过程，在温度接近绝对零度，分子的无序性被消除时，所有系统都将趋向这种行为。希望通过这样的解释，物理学家——也仅仅是对他们，能够更加清楚地理解我的观点。

要一个非物理学家接受曾被他奉为精确性典范的物理学定律的

基础，竟是物质无序倾向的统计性结果，无疑非常困难。第一章中我举过一些例子，其中就涉及了著名的热力学第二定律（熵增原理）和统计学基础等一般性原理。在本章的第3—7节，我想提纲挈领地说明熵增原理是如何影响生命有机体的宏观行为的。这里我们可以暂时忘掉染色体、遗传的相关知识。

3. 生命避免走向衰败

衡量生命的标准是什么呢？一团物质在什么情况下才会被认为是活物呢？答案就是当它在持续地"做某些事"、不断运动，和环境进行物质交换的时候，而且要求它比一团无生命物质在类似情况下的表现更加持久。倘若将一个无生命的系统孤立出来，或是放入一个均匀的环境中，可以看见，系统所有的运动会因各种摩擦阻力的作用而很快停滞下来，电位差和化学势也将趋于一致，形成化合物的倾向也与此类似，热传导的作用则使温度变得均匀。这之后系统便衰退成为死寂的一团稳定物质，进入永恒不变的状态，不会再发生任何可观测的事件。物理学中称此种状态为热力学平衡或是"最大熵"。

实际上，无生命物质通常可以很快就达到这种状态，但从理论上来说，它其实还不是完全的平衡，熵还未达到真正的最大值。要完全达到平衡是一个非常缓慢的过程，可能需要几个小时、几年、几个世纪……举一个趋向平衡相对较快的例子：假如将分别盛满了清水和糖水的两个玻璃杯，一起放置于密封的恒温箱中，起初看来似乎什么都没有发生，两个杯子组成的系统给人以处于平衡中的假象，可是一天后，我们会看见清水慢慢蒸发出来并凝聚在糖水上，导致糖溶液溢出了杯子，原因在于清水的蒸气压较高。只有当清水完全蒸发后，糖分子才均匀地分布在了恒温箱中的所有水中。

我们绝不能将这种缓慢向平衡趋近的过程误认为是生命的迹象，本来我们完全可以对其毫不理会，在这里提及只是避免有人认为我不够精确。

4. 以"负熵"为生

正是因为有机生命体能够避免快速衰退为死寂的"平衡"态，才显得如此特别。以至于在人类思想的早期，有人认为这是因为在生命体内有某种非物质的超自然的力（活力）在起作用，直至现在，仍有人持这样的主张。

那么有机生命体是通过何种途径来避免衰退至平衡状态的呢？自然是靠吃、喝、呼吸还有植物的同化作用，专业术语叫作"新陈代谢"。这个词源于希腊语 $\mu\varepsilon\tau\alpha\beta\acute{\alpha}\lambda\lambda\varepsilon\iota\nu$，意为变化或交换。交换些什么呢？这个词的原始含义无疑指的是物质的交换（在德文中，"新陈代谢"这个词指的就是物质交换）。但这种将本质认为是物质交换的观点事实上是个谬误。组成生物体的氮、氧、硫等任何一个原子与自然界中存在的同类原子没有任何差异，进行这样的交换有何益处呢？后来有一段时间，有人宣称我们都是以能量为生的，我们的好奇心由此被暂时地压抑下去。有个非常发达的国家（具体是美国还是德国我已记不清，或者两个国家都是）的餐馆里，你会看到他们的菜单上除了菜品价格外，还会标明每道菜所含的能量。

不用说，这种行为也非常滑稽，因为一个成年有机体，其含有的能量和它的质量一样，皆是固定不变的。既然体内任何一卡路里的能量和外界任何一卡路里的能量没有本质的区别，那么有什么理由要我们和外界进行单纯的物质交换呢？

那么，我们的食物中有什么神奇的力量能让我们避开死亡呢？其实这个问题很容易回答。每一个过程、事件、突发情况——不管你如何称呼它们都行，总之，一切在大自然中进行着的活动都意味着，有事件在其内活动的那部分世界的熵在增加。因此，一个有机生命体正在无时无刻产生熵，或者说它在不断增加正熵，并逐渐逼近熵最大值的危险状态，一旦到达这种状态，也就意味着死亡。因此，生物体要生存下去，摆脱死亡，就必须不断从外界汲取负熵。后面我们马上会知道对生命来说负熵是非常积极的东西，它是有机体赖以生存的基础。或者，换一种更加清楚的说法：新陈代谢的实质就是及时全部消除有机体无时无刻不得不产生的全部的熵。

5. 熵是什么？

熵是什么呢？首先必须强调，它不是一个模糊的概念和理念，而是一种可以定量测定的物理量，和一根棍棒的长度、物体某一点的温度、某种晶体的熔化热、某种物质的比热一样。在绝对零度的温度（-273 摄氏度左右）下，一切物质的熵都为 0，当物质通过缓慢、微小而可逆的步骤进入另一种状态时（甚至可以改变物质的物理化学性质，或者分裂为两个以上物理化学性质各不相同的部分），过程中熵的增加可以按照如下步骤计算：将过程划分为若干温度变化足

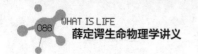

够小的小步，然后把每一小步系统吸收的热量除以该小步中系统绝对温度，最后将各小步中得到的结果累加，这便是整个过程中熵的增量。举例来说，当熔化某种固体时，熵的增量即为熔化热和熔点温度的比值。由此，可以看出熵的单位是卡 / 摄氏度（cal/℃，就像卡是热量单位，厘米是长度单位一样）。

6. 熵的统计学意义

前面我已经简要谈到了熵的专业性定义，目的是为了消除经常笼罩在这个术语上的神秘面纱。此处我们将关注重点转移至更为重要的，熵与有序和无序的统计性概念之间的关联。玻尔兹曼和吉布斯在统计物理上的研究已经给出了这个关联的精确定量关系，其表达式为：

$$熵 = k \log D$$

式中，k 为玻尔兹曼常数（$k=3.298\ 2 \times 10^{-24}$ cal/℃），D 为所研究物体的原子无序性的定量度量，几乎不可能用简短的术语准确阐述这个物理量的具体含义。其所表示的无序，一部分来源于热运动的无序；另一部分来源于各种原子和分子不是边界分明的随机混合中的无序，比如前面我们提到的糖和水分子的例子。这个例子同样很好地阐明了玻尔兹曼的公式：糖逐渐扩散至保温箱中所有的水中，这就增大了无序性 D，进而系统熵也增加（D 的对数随着 D 的增大而增大）。同样毫无疑问的是，任何热量的补充都将增大系统热运动的紊乱，增大 D，从而增加熵。下面的例子可以让我们更清楚地认识这个过程，当将一块晶体熔化时，我们破坏了分子或原子原来有序而稳定的排列，而把晶格变成了一种持续变化的随机分布。

一个单独的系统或是一个处于均匀环境中的系统（为了我们现在的讨论，最好尽可能将环境作为我们所设想的系统的一部分），它的总熵在不断增加，并且以不同的速率逐步接近最大熵的死寂状态。现在我们已经知道，这个物理学的基本定律，就是指事物走向混乱状态的自然倾向。若事先并未设防，这种趋向将是一种必然（这种倾向，就像在书桌上放了一大堆图书、纸张和手稿所表现出来的杂乱无章一样）。除非我们有办法消除这种倾向（这种情况下的混乱的热运动，就像是我们总是不时去拿书桌上的东西，却又不愿意花力气将其放回原来位置一样）。

7. 生物从环境中汲取"序"来维持组织

一个生命有机体具有神奇的本领能延缓自己进入热力学平衡状态（死亡）。怎样用统计学的理论来阐述这种能力呢？前面我们曾提过，"生物以负熵为生"，换个说法，就是生物通过在环境中不断抽取"负熵"来抵消在日常中不断产生的正熵，从而达到使自己长时间维持在较低熵的状态的目标。

如果 D 是无序性的度量，那么 $1/D$ 就是有序性的直接度量，而 $1/D$ 的对数又是 D 的对数的相反数，因此，可以用玻尔兹曼公式这样描述有序性：

$$-（熵）=k\log（1/D）$$

由此，我们可以用一种更好的表达方式取代"负熵"这种笨拙的表述，那就是：负数的熵是正有序的度量。因此，有机生命体维

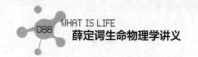

持自身在一个高度有序状态（此状态对应着较低的熵）使用的方法，的确就是不断从环境中汲取序。这个理由比它乍看起来要合理，当然，也难免因其平庸受到质疑。事实上，我们早就认识到了高等动物依靠汲取外界的序而生存的事实。因为它们的食物，是状态高度有序的不同复杂程度的有机物。动物将吃进去的这些有机物消化后，排出的是已经大大降解了的东西，但还不是完全降解后的东西，因为这些东西还能被植物利用（对于植物而言，太阳光才是"负熵"的主要来源）。

关于第六章的注

一些物理学界的同僚对负熵的说法持怀疑和反对态度，需要首先声明的是，如果顺应他们的观点，那么我就应该用自由能来代替负熵。然而，我认为"自由能"这个专业术语从语言学的角度来说，和能量的概念太过接近而很容易使读者混淆。一般读者很容易不同程度上地将"自由"二字当成无关紧要的修饰词。事实上，自由能的含义相当复杂，它和玻尔兹曼有序－无序原理的关系未必就比熵和"取负号的熵"的表达来得更清楚。顺便提一下，负熵的说法并不是我的首创。所以，上述的说法恰是玻尔兹曼原始论证的内容。

然而，F. 西蒙（F. Simon）还是恰当地对我指出，我的简单的热力学考虑仍无法说明：我们赖以维持生存的为什么是"不同复杂程度，高度有序状态的"有机物质，却不是木炭或金刚石矿浆？他说的很对，不过对于一般读者而言，我需要说明一下，一块未燃烧过的木炭连同燃烧所需要的氧，都是处于一种高度有序状态的，这一点在物理学上很容易理解。这个论点的根据在于，木炭在燃烧和反应过程中产生了大量的热。系统通过将产生的热量散发到周围环境中，除去因反应而增加的大量的熵，维持了和最初基本相同的熵的状态。

但是，人是无法依靠反应产物二氧化碳生存的。因此，西蒙给我指出的问题非常正确，我们食物中所包含的热量确实很重要，我对菜单上表明食物热量的嘲笑是不合适的。不但我们身体所做的机械能需要消耗能量，我们身体不断向周围环境散发热量也需要消耗能量，这些消耗都需要食物中的能量进行补充。身体向周围环境散发热量并不是可有可无的，这正是我们去除各种生理过程产生的大量熵的途径。

如果是这样的话，那我们可以假定，温血动物由于有较高的体温，有利于以较快的速度排除熵，因此可以产生更剧烈的生命过程。对于这样的论证我不能保证有多少是真理（对此应该负责的人是我，而非西蒙）。人们对这种论断持反对意见也非常可以理解，毕竟，有许多温血动物仍用皮毛防止热量迅速散失。但是，我认为体温和"生命活动强度"之间的关联关系是存在的，我们可以用第五章第11节结尾提到的范托夫定律更直观地说明：正是这较高的体温加速了生命活动涉及的化学反应（事实上，在以周围环境温度作为体温的物种身上进行的实验，确切地证实了这个观点）。

第七章

生命是以物理学定律为基础的吗

如果一个人从未自相矛盾过，那一定是他从来什么也不说。

——乌纳穆诺

1. 有机体中可能包含新定律

概括地说，在这最后一章中我想要阐明的观点是，根据目前的有关生命物质结构的认识，一定会看到，其工作方式并无法归结为简单的物理学定律。其中原因不在于是否存在"未知的力"支配着有机生命体中单个原子的行为，而是因为目前物理实验室中研究的物质结构和生命物质的结构完全不同。通俗地说，就像一位只熟知热引擎的工程师，他在检查了一台电动机的构造后会发现，电动机是按照他没有掌握的原理工作的。他会发现，他熟悉的过去用来制锅的铜，在这里被拉成长长的铜线，并绕成了线圈；他还会发现，他熟悉的用来制杠杆和气缸的铁，在这里被嵌入在铜线圈中。他毫不怀疑这些铜和铁与他熟知的一样，服从自然界一样的规律，在这一点上他并没有错。然而，因为构造的不同，这些装置有着完全不同的做功方式。他肯定不会认为是幽灵在控制着电动机，尽管它不需要一点蒸气，而只要按一下开关就可以运转起来。

2. 生物学状况的评述

在有机生命体周期中所进行的一切活动，都显示出一种奇异的规律性和秩序性，这是我们所知道的任何一种无生命物质都无法与之相比的。我们看到，一种高度有序的原子团控制着生命的进程，而它们只占每个细胞中原子总数很小的一部分。同时，依据已经形成的关于突变机制的观点可以断定，虽然这些"支配性原子"中很少几个原子的位置发生变化，但是都可以导致有机体的宏观性状发

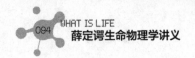

生确定的改变。

这些无疑是现代科学能告诉人们的、最能让人感兴趣的事实，而且，人们最终会发现，这些都并非完全不可接受。一个有机体在其自身上集中了"序的流束"，并且从适当的环境中"萃取序"，从而避免了快速衰退至混沌，这种神奇的能力很可能和"非周期性固体"——染色体分子——的存在息息相关。毫无疑问，这种固体是人类已知的最为高度有序的原子集合体，其秩序性远远高出普通的周期性固体，因为它的每个原子和每个基团都在各自发挥作用。

简言之，我们见识了现存序维持自身秩序性和产生有序事件的能力。这听上去似乎是一种很合乎情理的说法，然而之所以这样，原因在于我们潜意识中已经借助了有关社会组织及有机生命体其他活动的经验，事实上，这有些像是循环论证。

3. 物理学状况的综述

不管如何，有一点必须反复强调，这样的情况远不止是"似乎有道理的"，也是令人鼓舞的。因为这是一种从未出现过而又新奇的情况。同一般人的认知不同，这种事件有着规则的进程，也受到物理学定律的支配，却绝不是原子高度有序构型的结果。如周期性固体、液体或气体里大量相同分子多次重复的构型。

甚至化学家在研究试管中的复杂分子时，他面对的也是大量相同的分子。化学定律也适用于这些分子。他也许会对你说，某个特殊反应开始1分钟后，约有一半的分子参与了反应，反应开始2分钟后，3/4的分子都发生了反应。然而，如果有可能只盯住某个分子

的反应进程，化学家也无法准确预测这个分子究竟是属于已经起了反应的分子阵营，还是归于未发生反应的分子阵营，这纯粹就是个概率的问题。

这并不仅仅只是纯粹由理论得出的推论，但也不意味着我们永远也不可能观测到单个原子或是原子团的最终归宿。有时我们是能够观测到的，然而观测到的结果却都是完全的无规则性，只有经过平均才能显出其中的规则性。第一章中我们曾举过悬浮液的例子，液体中的悬浮微粒做的布朗运动是毫无规律的，可是如果有许多这样的微粒，它们的不规则运动却可以产生有规则的扩散。

我们可以观测一个放射性原子的衰变（它衰变时，射出一颗"子弹"，在荧光屏上产生一次可观测的闪烁）。但是，如果给你一个放射性原子，它的寿命或许要比一只健康的麻雀更难预测。这是毋庸置疑的事实，关于这个问题只能这样解释：只要它活着，即使已经活了几千年，下一秒钟它毁灭的机会总是保持不变。虽然对个体的命运完全无法把握，但对于大量的同类放射性原子，仍然存在着精确的指数衰变规律。

4. 鲜明的对比

在生物学领域，现在我们遇见了一种全新的情况。考虑个体发育的起始阶段，只存在于单套染色体中的单个原子团，会有序地产生一系列事件，它们依据一些奇妙的法则，将彼此之间和与环境之间的关系协调得惊人的和谐。我说只存在于单套染色体，是考虑到还有卵子和单细胞生物这类的特殊例子。在高等生物的发育后期，

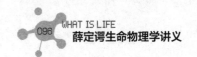

染色体的精确复制品成倍增加，这也是不可否认的事实，可是到底增加到了多少呢？可以知道，在哺乳动物发育期可达到 10^{14} 的量级。这个数目具体是个什么概念呢？实际上，只相当于 1 立方英寸（3.703 7×10^{-5} 立方米）空气中分子数目的百万分之一。这虽然不是个小数目，可是如若聚集在一起，也只能形成一小滴液体。让我们再来看看它们的实际分布方式，每个细胞中都包含了这些副本中的一套（对于二倍体而言是两套），我们已经知道这个小小中央机关的权力范围就在本细胞之内，那么，每个细胞不就像是分布在全身的地方政府分支机构吗？它们共用一套密码，相互之间的通信非常方便。

这种不可思议的描述，让人觉得不像是一个科学家说的话，更像一位诗人的手笔。显然我们现在面临着这样一个情境，制约这些情况有序而规则展开的机制完全不同于已知的"物理机制"。但是，要认知这点需要的不是诗人般的想象力，而是严谨、明确的科学思考。摆在我们面前的事实是：每个细胞的控制原则，都装在一份（有时是两份）单套染色体内的单个原子集合体中，同时由这个原则控制产生一系列高度有序的事件。对此，无论我们感到惊奇也好，或是觉得在理也罢，总之，一个很小的但高度有序的原子团都是能够以这种方式起作用，是前所未闻的新奇情况，除生命体以外任何地方都未曾出现过。以无生命物质为研究对象的物理学家和化学家，从未遇见过必须以这种方式解释的现象。正因为如此，统计力学的理论中并未包括这种现象。我们有充分的理由为我们漂亮的统计力学理论感到骄傲，因为它让我们看清了幕后的真相，让我们认识到了蕴含在无序原子和分子中的严格物理学定律的有序性。它向我们揭示了无须特别假设就可以推演出最重要、最普遍的包罗万象的熵增加定律，因为熵并不是什么神秘的东西，只不过是分子的无序性而已。

5. 产生序的两种途径

生命进程中出现的序具有不同的来源，通常来说，序的产生似乎来源于两种完全不同的途径："有序源于无序"的"统计力学机制"和"有序源于有序"的新机制。对于一个不怀任何偏见的普通人而言，第二种途径无疑更为简单而合理。也正因为如此，另一种机制曾一度吸引了物理学家，并使他们无比自豪地对其表示赞同，这就是"有序源于无序"的机制。事实上，大自然遵循的正是这个原理，也只有从这个原理出发我们才能认清自然界的发展脉络，首先是这种发展的不可逆性。然而，我们不能期望基于这个原理的物理学定律能够直接解释生命体的活动，因为这些活动的最大特点就是基于"有序源于有序"。你无法期望两种截然不同的机制会产生一样的定律，就像你不会想着你家的弹簧锁的钥匙能够打开邻居家的门一样。

所以，我们不必为物理学的一般定律无法对生命活动做出令人满意的解释而感到挫败。因为以我们现在对生命物质结构基础的了解，这其实是意料之中的事。我们要做好发现支配生命体活动的普遍存在的新的物理学定律的心理准备。否则，我们就得称呼它们为非物理学定律了，更别提超物理学定律了。

6. 新定律和物理学并不相悖

不，我并不这样认为。因为有关的新定律正是如假包换的物理

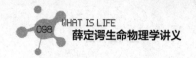

学定律，我认为，它依然是量子力学中的理论。要说明这一点，需要详细论述，包括对前文中所有物理学定律都是建立在统计力学基础上的论断进行适当修正和调整。

事实上，这个我们多次重复的论断不可能没有一些存疑的地方。因为确实有许多现象，其显著特点就是建立在"有序源于有序"原理基础之上，且似乎与统计力学和分子无序性并无直接关系。

太阳系的秩序、行星的运行规律，近乎无限地延伸。此时此刻的星座和金字塔时代的任一时刻的星座是关联的，现在的星座可以追溯那时的星座，反之亦然。对古代日食、月食的推算结果和历史上的记录完全吻合，某些特殊情况下，甚至用来校验公认的年表。这些计算完全不涉及任何统计力学，只纯粹以牛顿万有引力定律为唯一理论基础。

一座完好的时钟，或是任何类似的机械装置，它们的规律运动都跟统计力学毫不相关。总之，所有纯粹的机械运动都是确定的，显然都遵循了"有序源于有序"的原理。我们所说的"机械的"，使用的是这个词的广义含义。不知大家是否知道，有一种特别有用的时钟，就是靠电站有规律地输送电流脉冲来驱动的。

我记得马克斯·普朗克曾写过一篇题为《动力学型和统计力学型的定律》（德文名《动力学和统计力学的合法性》）的很有意思的小文章。两者间的区别恰好就是我们在此处称为"有序源于有序"和"有序源于无序"之间的区别。这篇文章的目的是试图说明：这些有趣的控制宏观运动的"统计性定律"是怎样由本该是控制微观原子或分子的"动力学定律"构成的，而"动力学定律"又是通过

时钟或行星的机械运动为例子进行阐述的。

这样看来，虽然我们曾明确指出，基于"有序源于有序"原理的新机制是认清生命的真正线索，可是在物理学家眼里，这并不是什么新发现。普朗克甚至还摆出了似乎是他首先论证了这个原理的架势。由此，我们似乎得出了一个荒谬的结论：认清生命的真正线索建立在普朗克论文中提及的钟表式的纯粹机械运动基础之上。可是，这个结论并不是荒谬的，当然，也不是全错的，我认为对此我们要大有保留。

7. 钟的运动

现在，让我们来精确分析一座真实时钟的运动，它绝非一种纯粹的机械现象。一座纯粹的机械的时钟不必有发条，也无须上发条，而且它一旦运转起来，就永远不会停歇。可是真实的时钟，如果不用发条，钟摆只摆动几下就会停下，因为它的机械能已经转化为热能。这是一个非常复杂的原子过程。物理学家对这个过程的一般构想，使他觉得这个相反过程并非不可能：一座没有发条的时钟，通过消耗它自身齿轮的热能和环境的热能，可能突然开始运转。物理学家一定会认为：这是时钟经历了一次剧烈的布朗运动的原因。在第一章的第9节我们已经知道，用一种非常灵敏的扭力秤就可以看到这种事情（静电计或电流计），但对时钟来说这是绝不可能实现的。

一座时钟的运动是否可归结为动力学模型或统计力学模型下的合理行为（借用普朗克的表述），这是由我们的态度决定的。将关注点放在其有规律的运动时，我们可认为它是动力学现象，一根不是

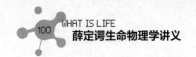

很紧的发条就可以产生这种运动，且这根发条需要克服的热运动影响微小到基本可以忽略不计。可是不要忘记，缺少发条的时钟总会因摩擦力而最终停摆，那么，这种现象就只能理解为统计力学模型下的合理行为了。

尽管时钟的热效应和摩擦在实用中并没有那么重要，但没有忽略这些效应的第二种观点无疑是更为基本的。即使我们面对的是由发条驱动的时钟，其产生的规律运动亦是如此。绝不可认为，时钟的驱动机制已经消除了过程的统计力学性质。将热运动和摩擦包含在内的真实物理图像也应该包含如下可能：一座运转正常的时钟，可以通过消耗环境的热量，突然发生逆向运转，同时上紧发条。这种事件和无发条的时钟中发生"布朗运动爆发"没什么区别，只是发生的可能性"仍然要小一些"。

8. 钟表运动终究是统计学型的

让我们回顾总结一下，我们举过的许多"简单"例子事实上几乎代表了所有和无所不包的统计力学原理无关的事件。由实际物质（非想象的）构成的钟表装置，事实上并没有真正"钟表式地工作"。概率的因素或多或少有所减少，突然之间所有时钟都走错的可能性几乎没有，却并没有完全消除。即使在天体运行中，摩擦和热的不可逆影响也不是不存在。比如，因为潮汐摩擦的影响，地球的自转速度正越来越慢，因为这个，月球离地球也越来越远。而如果地球是一个完全刚性的旋转体，则不会发生这样的情况。

实际上，物理学意义上的"钟表式运动"，具有明确而突出的"有序源于有序"特点，当物理学家发现有机体中也存在这种特性时备感鼓舞。感觉上这两种情况有什么相同之处。然而，这些相同之处究竟是什么？又是什么显著的差异使得有机体成为新奇的、前所未有的呢？这些问题都仍待解决。

9. 能斯特定律

一个物理系统，包括任何一种可能的原子组合，在何种情况才能表现出"动力学的定律"（普朗克的表述）或是"钟表式的工作特点"呢？量子理论关于这个问题有简明的答案，那就是温度在绝对零度的环境下。当温度接近绝对零度时，分子的无序性便对物理学事件不再产生影响。顺便提一下，这个规律不是通过单纯理论推导而出的，而是基于广泛的温度范围下的化学反应的仔细研究，并将结论外推至绝对零度（现实中并无法实现绝对零度）得到的。这便是著名的沃尔塞·能斯特"热定律"，经常被誉为"热力学第三定律"（第一、第二定律分别为能量定律和熵原理）。

量子理论为能斯特的经验定律提供了理论依据，与此同时，它还使我们能够估计出一个系统要达到"动力学"行为需要接近绝对零度至何种程度。那么，针对每种特殊的情况，何种温度可等同于绝对零度呢？

不要觉得这肯定是种极低的温度，事实上，即使在室温环境下，熵的作用在许多化学反应中几乎都可忽略不计。能斯特的发现也是基于这些事实启发的（让我再强调一下，熵是分子无序性的直接度量，是其的对数）。

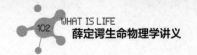

10. 可认为摆钟实际工作在绝对零度下

对于一座摆钟来说是什么情况呢？对摆钟而言，室温就是绝对零度，因此钟摆做的是"动力学"运动。假设使它冷却，它仍然会继续原来的运动（前提是已将所有油渍清理干净）；可是，如果将温度加热至室温以上，它就停止工作了，因为最后它会熔化的。

11. 钟表装置和有机体的关系

这个论题似乎无足轻重，然而，我认为这是重点所在。钟表能够"动力学"式工作，原因在于其是由固体构成的，海特勒－伦敦力使得固体保持一定的形状，这种力的强度已足以使得固体在常温下避免分子的无序性趋向。

我觉得有必要再谈谈钟表装置和有机体之间的相似之处，我只简单说一点：后者依赖着构成遗传物质的非周期性晶体，这种固体基本不受热运动影响。然而，请不要指责我将染色体纤维称为"有机的齿轮"，唯有如此，才至少能和它所依据的物理学依据有些许联系。

其实，用不着多费笔墨解释二者间的基本区别，也无须辩解为何我在此处要使用如此新奇的词语。

最显著的特点即在于：首先，这种齿轮在多细胞有机体中的分布十分神奇，这一点可以参阅我在本章第 4 节中曾有过的诗一般的描述；其次，这样的每一个齿轮不是粗糙的人造品，而是沿着造物主量子力学理论路径创造的旷世杰作。

后记

决定论与自由意志

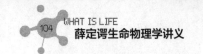

　　我不带任何主观色彩地阐述了我们所探讨的问题在科学上的认识，现在，作为对这种努力的奖励，请允许我主观地谈一下对这个问题的哲学内涵的一些看法。

　　从前面几章我们所采用的论据可以看出，生物体内在时间、空间发生的所有事件，不管是对应着它的意识活动，还是对应着它的自觉的或其他的活动（同时联系到事件的复杂程度和物理化学的统计学解释），即使不是严格的决定论的活动，也至少是统计决定论的活动。对物理学家我需要特别强调的是，和一些人所持的观点相反，我认为在这些事件中，测不准原理通常在生物学事件中的作用无关紧要，除非在诸如减数分裂、自然突变和 X 射线诱发突变等事件中强化了它们的偶然属性——这一点在任何情况下都是明显的，为大家所公认。

　　为了便于我的论证，请允许我把这个决定论的观点当作事实，只要不对"将自己称为一台纯粹的机器"的说法产生不愉快的心情，尽管这种观点和我们直接内省产生的自由意志是相抵触的。我想任何一位不带偏见的生物学家都会同意决定论这个事实。

　　可是，不管形式是千差万别还是多种多样，直接经验本身在逻辑上是不能自相矛盾的。那么，让我们试一试，能否从下面两个前提中，引出正确而又没有矛盾的结论来：

　　1. 我的身体，犹如一台机器一般，遵循着自然的规律运行。

　　2. 然而，依据毋庸置疑的直接经验，我知道，我自己直接控制着我躯体的行动，并可预见行动导致的结果，这个结果也许十分重要，能够决定一切，倘若如此，我会觉得我要对结果负全部责任。

我认为，这两个前提能够得出的唯一结论是：我——指"我"这个词最广义的意义，即凡提过"我"或者感受过"我"的每一个有意识的头脑——就是那个按照自然法则控制着原子运动的人，假设有这样一个人存在的话。

在一定的文化背景中，某些概念已受到了限制，变成了专门用词，倘若将表面的简单含义直接赋予它，那就太轻率了。比如，基督教中有句术语"我是万能的上帝"，这句话听着狂妄而又亵渎神灵。不过让我们暂时撇开这些含义，考虑一下这是否可以作为生物学家用来证明上帝的存在和灵魂不朽的论据。

其实，就这种观念本身而言并不罕见。我所知道的最早记载大约可追溯至 2500 年前。古代奥义书中便记载了印度人的思想中已有阿特玛（Atma，我）就是梵（Brahman）的观念（即个人的自我与无处不在、无所不包的永恒的自我是一致的），这绝没有半点亵渎神灵的意思，而是代表了对世间万物最为深刻的洞察的精华。婆罗门吠檀多学派的学者都努力地将这个最伟大的思想真正融入他们的意识当中。

与此同时，许多世纪的神秘主义者都声称他或她此生的独特经验，这些声明就像理想气体中的粒子那样相互独立而又不约而同。而这些经验可概括为一句话，那就是：我已经成为了上帝（DEUS FACTUS SUM）。

在西方意识形态中，这种观点自始至终都未获得主流的认可，尽管受到叔本华（Schopenhauer）和一些哲学家的坚定支持。看看那些真正的情侣，他们相互凝视对方时，难道不会意识到他们的思想

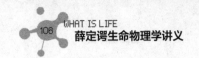

和情绪已经相互交融，而不仅仅只是相似或相像了吗？可是通常说来，他们和神秘主义者在一个方面很像，那就是容易因感情的过于激动而无法有序地思考。

　　请允许我再进一步进行论述。知觉只会在单数中被经验，在负数情况中无法被经验。这就是说，即使在精神分裂和双重人格的案例中，双重人格也只能交替单独出现，而无法两个同时出现。不可否认，一些时候我们在梦境中会同时扮演好几个角色，但并非毫无区别：我们总是其中的一个而已，我们往往以这个身份直接行动和说话，而当我们非常期待某个角色的回答和反应时，我们并未意识到，正是我们自己在控制着他的言行，就像控制我们自己的言行一般。

　　遭到《奥义书》作者坚决反对的复数（众多）观念又是如何产生的呢？知觉总是紧密联系并依赖于一个有限范围内的物质，这就是身体的物理状态。当然，这就要考虑到不同发育阶段（青春、中年、老年）中意识的变化，或是发热、醉酒、麻醉或是脑损伤对其产生的影响。可是，现实的情况是，存在众多相似的肉体，由此，知觉或是意识的复数化（众多化）就是一个内涵丰富的假设了。或许这个假设也得到了纯朴真诚的人们和大多数西方哲学家的认可。

　　由这个假设我们几乎马上就可以导出灵魂的存在，存在多少肉体就存在多少灵魂。与此同时，也引出了一个新的问题——灵魂是否和肉体一样也会死亡？亦或是它们是永恒的，能够不受肉体的束缚而单独存在呢？前一种答案似乎让人不快，而后一种答案则直接忽略了或是否认了众多性假设的依据基础。有人曾提出过一些更愚蠢的问题，比如动物是否也有灵魂？甚至问到女人有没有灵魂，还是灵魂只是男人的专属？尽管这些结论仍属推测，却不能不让人们对众多性假设产生怀疑。但是，所有的西方宗教都受到这个假设的影响。假如我们剔除其中明显的迷信成分，只留下其关于灵魂众多性的朴素观念，但同时又宣称灵魂会消亡，或是会同各自的肉体一同死亡的说法来给众多性观念"打补丁"。这样的做法，我们是不是更加倾向于荒唐了呢？

给我们留下的唯一选择只有守住知觉的单数性这样的直接经验，而关于知觉的复数性则仍是未知。就是说，这只存在一个东西，却有好多个视觉上的个体，本质上这些都只是由某种幻象（梵文为MAJA，意为"幻"）产生的同一个东西的不同方面罢了。假如我们身处一间有许多面镜子的房间中，也会产生类似的幻觉。就像高里三喀峰和珠穆朗玛峰只是从不同山谷上看到的同一座山峰而已。

可是，人们的头脑中还有许多构思精巧的荒谬观念，阻碍了他们接受这样简单的认识。比方说，在我的窗外有棵树，然而我却没有看到它真正的面貌。这棵树的真实面貌通过一定巧妙的方式把它的映象投射到我的知觉中，即我的感官接收到的东西。这里我们只探讨了这种巧妙机制的原始的、简单的几步。假如你站在我身边也注视着这棵树，它也同样会设法将自己的一个映象投入你的知觉中。我看到的是我眼中的树，你看到的是你眼中的树，你的树可能和我的树非常相像，然而，我们却无法看到这棵树本身的真正面目。康德是这种过度夸张的言论的始作俑者。在认同知觉只是单属性的观点中，很容易得出另一种说法，即明显地只有一棵树而已，那些所谓的映象不过是一些荒谬的说法。

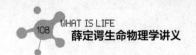

但是，我们每个人都会有这样一种毋庸置疑的印象，那就是我们自己的经验和记忆形成的统一体是完全不同于其他任何人的。这样的统一体被称为"我"。可是，"我"究竟是何物呢？

如果仔细分析一下，你会发现它只不过比个人资料的集合体多了一点东西。就是说，它像是一块画布，在其上汇聚了各种资料。经过更深入的自省，你还会发现，你口中的"我"，其实就是类似汇聚了各种记忆和经验的画布般的基础素材。你可能去到一个遥远的国度，身边没有一个熟悉的朋友，接着你差不多将他们都遗忘了，并结交了新的朋友，和他们亲热地生活在一块儿，就像过去和老朋友那样。在你过着崭新生活的时候，你仍然记得过去的生活，可是这个记忆的重要性会越来越淡。到那个时候，你也许会用第三人称谈论"青年时代的我"。你也许会觉得你正在阅读的那本小说中的主人公可能和你更贴心，因为你觉得他更加真实，对他也更加了解。然而，你的记忆和经验并没有中断，也没有消亡。即使一个最高明的催眠师成功抹去了你先前的全部记忆和经验，你也不会觉得他夺去了你的生命。你绝不会有失去个人存在的悲叹。

将来也永远不会发出这样的悲叹。

关于后记的注

后记中采用的观点同奥尔德斯·赫胥黎（Aldous Huxley）最近在《永恒的哲学》一书中的观点不分伯仲。这本优秀著作（查托和温德斯出版社 1946 年伦敦版）不仅超乎自然地能够阐明这些观点，同时也解释了这些观点为何如此难以理解，并容易招致反对。

第二部分

意识与物质

MIND AND MATTER

第一章

意识的物质基础

1. 问题

我们的感觉、知觉和记忆共同构成了世界。虽然将世界看成是独立的客观存在是一种很方便的方法，可是，它不仅仅是以其自身的存在显现出来的，其显示出来的条件依赖于这个世界中那些非常特殊部分中发生的特殊事件。这个特殊事件指的是发生在大脑中的某些事件。这个蕴含关系如此特殊，由此可以引出这样一个问题：何种特殊性质使得大脑活动有别于其他活动，并赋予其描绘出世界的能力呢？能否推测出哪些物质运动具有这样的力量，哪些没有呢？或者简单表述为：何种物质的过程会和意识产生直接的联系呢？

理性主义者可能会对这个问题做出简略的回答，他们持有的观点大致如下：从人类自身的经验和据此类推的高等动物的经验来看，意识与生物体的某些活动，也就是和某些神经的功能相关。可是，意识在动物界的起源要追溯到何时，或是进化过程中的哪个"低级"阶段呢？原始的意识又是怎样的呢？回答这些问题只能依据毫无根据的推测。问题无法解决，只能留给无所事事、胡思乱想的空想家。至于那些认为别的一些活动、无机世界的事件，更不用说所有的物质事件是否都和意识有某种关联，更是纯属臆想。所有的这些都是空想，既无法证明，也无法驳斥，对于我们的认知更是毫无价值。

那些同意暂时将这个问题搁置一旁的人们应该明白，他们描绘的世界留下了一块儿多么神秘的拼图。神经细胞和大脑在一些有机体体内的出现，是一种极其特殊的事件，其重要性和意义不言而喻。神经细胞和大脑是一种非常特别的机制，它是一种适应环境的机制，

个体可以依靠它做出行为上的调整，适应环境的变化。在所有的机制中这是最精致、最具创造性的一种，无论在何处出现，它总能迅速占领主导地位。可是，这种机制也并非独一无二，许多种生物，特别是植物，也能以迥然不同的方式实现类似的功能。

不知我们是否愿意接受这个高等生物发展过程中的重要转折，也许是一个根本就未曾出现的转折，是世界借助意识的能量显现自己的必要条件呢？不然，世界是否只是一场没有观众的戏剧，不为任何人而存在，或是也可以恰当地说它并不存在呢？如此一来，我认为这意味着关于世界图像的彻底失败。倘若有人有着摆脱这个绝境的强烈意愿，那么他就不应该因为害怕招致理性主义者的无情嘲笑而停滞不前。

斯宾诺莎认为，每一种特定实物或是存在，都是无限的实体，即神的化身。每一种具体事物表现的都是神的各种属性，特别是广延属性和思维属性。第一种属性代表在时间、空间的实体存在；第二种属性，对于活的动物和人而言，就是意识。可是斯宾诺莎的观点认为，任何无机的实体也是"神的一种思想"，就是说其同样归属于第二种属性当中。这里他表露了一个大胆的想法，即宇宙的一切都有生命，虽然这样的想法并不是第一次被提出，甚至在西方哲学中也不是第一次。早在 2 000 年前，爱奥尼亚的哲学家就因持有这种观念而被称为"万物有生命论者"。斯宾诺莎之后，天才 G.T. 费希纳（Gustav Theodor Fechner）也理直气壮地赋予植物、作为天体的地球和行星系灵魂。我不同意这些天马行空的臆想，也不想、不愿意评判究竟谁更接近事实的真相，是费希纳还是理性主义者。

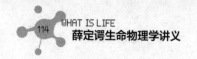

2. 一个试探性的回答

你们会看到，任何试图扩大意识领域的尝试，即认为意识的任何活动是否可能合理地与神经活动以外的其他活动发生联系，最终都会落入既无法证实，也无法被证实的陷阱之中。可是，倘若我们从相反的方向出发，就会拥有更加稳固的论证基础。实际上，并非每一个神经过程，也并非每一项大脑活动都和意识相关。它们中的大部分都不是这样，尽管它们在生物学和生理学上都和"意识过程"高度相似。这不仅因为它们的构成都包括传入刺激和传出刺激，同时它们的生物学意义也非常一致，即调节控制系统内部的反应或是对变化的环境做出的反应。

对于系统内部的反应，我们见识过的例子是：脊椎神经中枢以及由它控制的那部分神经系统内的反射活动。可是，同样存在许多通过大脑的反射活动，却绝不产生意识，或者说几乎与意识无关（这种情况我们将专门进行探讨）。对于面对系统外部环境变化产生的反应差别就没有这般明显，都是介于完全有意识和完全无意识之间的中间情况。我们的身体中就有许多非常相似的生理过程，通过对这些典型过程的考察研究和推理，就不难发现我们找寻的那些区别的特征。

依我的看法，我们可以在下列众所周知的事实中找到答案。当那些我们用感觉、知觉也可能用行动参与的一系列过程以同样的方式不断重复出现时，任何此类的活动都会逐渐淡出我们的意识领域。可是，一旦在这类重复的事件中，出现了和以往不同的场合或是环境条件时，这类事件就侵入了意识领域。即便如此，最初闯入意识

领域的也只有那些变化或"差异"，它们使得新事件有别于旧事件，需要"新的思考"。对于这些情况，我们每个人都可以依据自己的经验举出许多例子，因此我就不再举其他例子了。

事件从意识中逐渐隐退对我们的精神生活的构成非常重要，因为我们的精神生活完全建立在不断重复而获得经验的过程之上，这个过程被理查德·塞蒙（Richard Semon）称为"记忆"，对于这个问题我们还要进一步论述。在生物学上，单独一次而不重复的经验没有价值，重要的是生物体对各种情境的反应的学习。当一种情况不断重复出现或是定期出现时，如果生物体仍处在相似的位置，这要求生物体能够做出相同的反应。从我们自身的经验，可以知道如下情况：在经历了最初几次为数不多的重复后，我们的脑海中会出现一个新的元素，这就是阿芬那留斯（Richard Avenarius）所说的"曾经遇见"或"有印象"。在一连串的不断重复之后，这些事件越来越固定化，也越来越乏味，面对这些事件的反应却也变得从未有过的可靠，接着便从意识领域中隐退了。就像男孩可以不假思索地背诵诗歌，女孩可以在梦中弹奏钢琴鸣奏曲一般。当我们沿着常走的路去上班，在老地方拐过街角，拐进小路时，我们的脑子里想的往往是和走路完全无关的事。但当情境发生变化时，例如，过去常过马路的地方正在维护，而我们必须绕道而行——这个差异连同我们对差异的反应就会进入我们的意识。然而，假若这种差异一再重复，那它们将很快再次进入从意识中消退的阈值之下。面对两种可能的选择时，会出现分叉点，并且会以相同的方式固定下来。如果大学的报告厅和物理实验室都是我们经常去的地方，那么无须过多考虑，

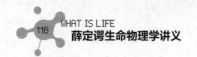

我们就能在适当的位置选择合适的道路通往目的地，无论是报告厅还是物理实验室。

这样，差异、对差异的不同反应和分叉点逐步积累起来，数量已经大到惊人的地步，但是只有新近发生的才能在意识中有所保留。我们可以做个比喻，意识就好像一名教师，它指导生物体如何学习，对已经充分训练过的课程它总是要求学生独立完成。不过我要再次强调，这不过是我的一个比喻。我想要表达的事实是：只有新的情况和由它们引起的反应才会保持在意识中，那些陈旧的情况和经过充分练习的则不会如此。

日常生活中不计其数的操作和动作都得依靠学习，而且是认真细致的学习。以小孩学步为例，迈出第一步的尝试，必定是注意力的焦点，一旦获得成功，肯定会兴奋得尖叫出来。成年人系鞋带、开灯、晚上脱衣睡觉、使用刀叉吃东西……这些在以前都需要经过一番努力学习，现在却毫无觉察自己在做这些事情。自然，这偶尔也会闹出些小笑话。有位著名的数学家就曾有过这样的故事：说是我们的这位数学家一天晚上邀请朋友来家做客，可是在客人到齐不久后，数学家的妻子吃惊地发现他正开着灯躺在床上，这到底是发生了什么呢？原来，他进卧室是想换一件干净的衬衣领，可是因在摘掉旧衣领时陷入了沉思，摘衣领这个动作触发了深埋于他头脑中的脱去衣领后的一系列动作。

在我看来，所有这些广为人知的个人生活经验，对了解诸如心脏的跳动、肠子蠕动等无意识神经活动的发育非常有益。对于几乎不变或是规律变化的情况，此种状况必然会准确而可靠地发生，因此，早就在意识领域中隐匿了。我们也发现，在无意识的神经活动中存在中间状态。譬如，通常情况下我们都不会注意到自己的呼吸，可是在情况发生变化时，例如空气中出现浓烟，或是哮喘病发作了，这时我们的呼吸就会被注意到，成为一种有意识的动作。另一个例子，我们会因为悲伤、喜悦或是身体的疼痛而突然哭泣，虽然这是有意识的活动，却可能几乎不受意志的影响。除此以外，大脑中的反射机制也可能导致滑稽的结果，比如因为恐惧而毛发竖立，因过度兴奋而停止分泌唾液，这些反应在过去某些时候一定具有重要的意义，可是这些意义在人类身上已不复存在。

对大家是否都愿意接受我接下来所要谈的，就是将前述观念扩展至神经活动之外，我自己是持怀疑态度的。尽管我个人认为这是非常重要的问题，但在此我仅略微做些提示。这个扩展正好有助于阐述我们一开始提出的问题：哪些物质事件和意识相关，或者说伴随意识？哪些物质事件则不具有这些属性？下面是我的答案：前面我们所讨论的神经活动的特性，通常来说，也是生命活动的特性，这就是说，只要这些神经活动过程是新的，那就会和意识产生关联。

从理查德·塞蒙的观点和所用的术语来看，不仅是大脑，而且我们整个身体的发育都是一系列相同的事物，经过至少1 000次的重复而熟记起来的。正如从我们自身经验所感知的那样，生命的最初阶段是没有意识的，即在母亲子宫中的那段时间。即使是往后的几周或是数月的时间，也都是在睡眠中度过。在这段时间中，胎儿遇到的具体情况变化非常之小，因此会逐渐养成某种习惯姿势。等到身体的器官开始发育，且逐渐与环境相互作用，它的功能也随着环

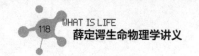

境的变化而不断调整，它们受到环境的影响进行各种实践，并以特定的方式被环境整改。只有在此时，有机体的发育才开始伴随意识出现。我们高级脊椎动物中的这一器官位于神经系统，因此，与意识发生联系的是这个器官的一些功能，这些功能透过我们自身所谓的经验，不断调整我们自身使我们适应环境的不断变化。人类仍处在演化的进程中，种系发育变化的场所便是神经系统，若把我们自身比作一棵大树，那么它就位于这棵大树的树冠。我把我的整个假设归结为如下一句话：意识与生物体的学习密切相关，而学习成功后就不需要意识了。

3. 伦理观

即使没有上述提到的扩展至神经活动之外的观念——尽管它可能会令人疑惑，可对我而言非常重要——我已经对意识理论做出了论述，似乎足以为科学地解释道德观奠定了基础。

从古至今，每一种需要严格恪守的道德准则，都是以自我否定为基础的。伦理观念总是以一种命令或挑战的形式出现，"你应该……"是它们最惯用的句式，某种程度上这种强制要求总是违背我们的原始本能的。"我要……"和"你应该……"这种奇特的对立起源于何时？压抑自己的原始欲望，否定自己，背弃真实的自我，这些要求难道不是很荒谬可笑吗？和其他时代相比，我们生活的这个年代，上面这样的要求的确会招致更多的嘲笑。我们偶尔会听到这样的口号："我是我自己，给我发展个性的空间！我要按照大自然赋予我的愿望发展自己，一切和我的意愿相违背的道德戒律，都是一派胡言，是神父蓄意设置的骗局，神就是大自然的主宰，所以可以信赖自然依照他的意愿塑造我们。"想要反驳这样赤裸裸的声讨并非易事，康德（Kant）提出的道德律已被公然认为是非理性的了。

幸运的是，这些声讨并没有牢不可破的科学基础。以我们对生物体形成的了解，可以理解的是人类作为有意识的生命，必然会与我们的原始欲望持续抗争。对于自然状态的自我来说，我们的原始欲望显然是继承来自祖先那儿的精神遗产。作为物种之一，人类仍处在不断进化的进程中，我们正处在人类进化的前沿，因此，一个人的每一天都可视为人类进化进程中的极小组成部分。诚然，一个人一生中的一天，乃至他的整个生命史，相较于人类种族的进化史而言，就好比一尊似乎永远无法完成的雕塑上的一道斧痕。正是这样的无数道斧痕，汇聚形成了人类进化中的巨大变化。当然，这种变化的前提和介质，便是可遗传的自发突变。可是，为了在这些突变中进行选择，突变个体的性状和生活习性就非常重要，甚至起到决定性作用。不然，即使在很长的时间范围内（这毕竟是有限的范围，我们对此足够了解），我们也无法弄明白物种的起源和选择所依据的既定而明显的趋向。

所以，在人类进化的每一步，我们生命中的每一天，当时具有的一些属性似乎必须发生改变，它们不得不被新的东西征服、消灭和取代。我们的原始本能对此做出的抗争和现存雕塑对改造其形体的斧头的抵抗是类似的。从我们自己的角度来说，我们既是斧头也是雕像，既是征服者也是被征服者，是名副其实连续不断的"自我征服"。

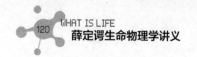

　　然而，道德的演化进程如此缓慢，不仅和个人短暂的一生相比是如此，甚至和历史纪元相比也是如此。因此，认为道德的发展和意识的发展是同步进行的，这样的观念不是很荒谬吗？道德不应该是在悄然地发展的吗？

　　不，依据我们前面的考虑来看，它不是这样的。我们前面的思考最终认为意识和生理过程相关，这些过程会因为和环境的互动而发生变化。此外，我们得出的结论是：只有那些仍处于训练阶段的变化才能被意识到，很长时间后，它们将会成为人类具有的一种固定不变的、可遗传的、熟练的、无意识的属性。简单来说，意识是演化范畴的现象。世界只有在发生变化的地方才能显现，或者说世界只能通过创造新的形式来照亮自己，那些处于停滞的地方会从意识中消失，除非和发生变化的地方产生互动它们才能出现。

　　假如这些都成立的话，那么意识和我们原始欲望的抗争有着千丝万缕的关联，甚至说它们之间肯定相关也不为过。这听起来似乎是自相矛盾的，但所有时代各民族中最睿智的人都已表明，这一点是可以证实的。这些用语言和生命塑造我们称之为"人性"的艺术品的伟人，用语言、文字甚至生命证实了他们所受到的自我冲突所带来的痛苦。但愿这也能成为曾经遭受这种痛苦的人们的一种安慰吧，毕竟不经历痛苦，就不会产生任何不朽之作。

　　请不要对我的意思产生误解，我是一名科学家，而不是道德训诫者。请不要认为我在传播以下观点：由于有一个宣传道德的有效动机，所以人类正朝着一个更高的阶段演进。这是无法办到的，因为这是一个无私的目标，一个无私的动机，因此只能以道德作为前提条件，这个目标才能被接受。我觉得我和其他人一样，也无法解释康德提出的必须践行的"道德的要求"。以最为简明的一般形式出现的道德准则（无私）毫无疑问是事实，它是客观存在的，甚至能够得到大多数通常不遵守道德准则的人的认同。道德是一种令人费解的存在，我认为它是人类从利己主义生物向利他主义生物转变的标志，表明人类开始成为一种社会性动物。就单个动物而言，利己主义往往有利于保护和改良物种，是一种优势；可是在任何群体中，利己主义都是可能带来灭顶之灾的弊端。一种开始形成严密组织架构的种群，如果任由利己主义滋生而不加以限制，这个群体必将灭亡。比如蜜蜂、蚂蚁等原始的集体组织架构群体，就完全抛弃了利己主义。然而，利己主义的高级阶段，民族利己主义或简称为民族主义，在它们之中仍大行其道。比如一只因迷路而误入其他蜂巢的工蜂，会立即被蜇死。

现阶段，在人类中似乎出现了一种并非不常见的情况。在利己主义远还没有演进为利他主义之前，就出现了民族主义。尽管目前我们身上仍保留着强烈的利己主义，但我们中的许多人已认识到民族主义亦是某种不正确的行径，理应摒弃。现在，似乎已经出现了某种十分神奇的现象，即在第一次变换基础之上的第二次变化，其轨迹在第一次变换还远未完成前就清晰可见了。就是说，利己主义向利他主义的转变还远未完成，因此利己主义的动机仍具备强烈的吸引力，但是对第二阶段的转变，即消除种族斗争，具有显著的推动作用。我们每一个人都受到恐怖的新式侵略性武器的威胁，因此大家都希望民族间能够和平相处。倘若我们都似蜜蜂、蚂蚁和古斯

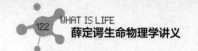

巴达勇士那般无所畏惧，把胆怯认为是世上最羞辱的事，那么战争的硝烟将永远不会从这个世界消失。庆幸的是，我们都只是人，会怯懦的人。

我在很久以前便开始了关于这章内容的思考并得出了结论，虽已是30多年前的事，可我从未遗忘这些观点和结论。可是我非常担心它们不能得到大众的认可，因为这些看法似乎是以"获得性性状遗传"的拉马克主义为理论基础的。对此，我非常不愿意承认，然而即便抛开"获得性遗传"的拉马克主义，就是说只单纯接受达尔文的进化论时，我们也会发现物种成员的行为，对物种的进化趋势有重要的影响，这似乎是某种伪拉马克主义。下一章，我会引用朱利安·赫胥黎（Julian Huxley）的权威观点对此做出解释，但那主要针对的是一个略微不同的主题，而不止是对上述观点的论证。

第二章

认知未来

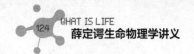
1. 生物演化的死路

　　我们绝不能认为，我们对世界的理解已经到达了结论性阶段或是终极阶段，在任何方面都达到了最大限度或是完美的程度。我这样说的原因不仅在于现阶段各门学科的研究仍在继续，还有对哲学和宗教的探讨和努力，都将给我们的世界观带来改变，甚至是颠覆性的变化。而且我想表达的是，我们沿着现在的这个途径，在未来比如说 2 500 年后所能取得的成果，拿自普罗泰戈拉（Protagoras）、德谟克里特（Democritus）、安提斯泰尼（Antisthenes）以来已经取得的成就来比较，也显得微不足道。我们没有任何理由可以肯定人类的大脑就是反应世界形象的最高级思维器官，或许存在某种生物拥有和人脑类似的器官，其所感知的世界和人类脑海中的相比，就如同人脑中的意象和狗中的相比，或是狗中的和蜗牛中的相比一样。

　　如果真是如此，尽管原则上和我们的论题并无关系，但仍能激起我们的兴趣。作为人类中的一员，毋庸置疑，我们肯定会关心自己的子孙后代，或者我们中一些人的后代是否会遇见这种情况。地球为这种情况的发生提供场所完全没问题，它仍是适合人类生存的年轻星球，在过去的 10 亿年中它为生命从原始的形式进化到目前的面貌提供了场地，在未来的 10 亿年它仍可以为人类提供适宜的生存环境。可是人类自己又如何呢？假如我们依据现在的演化论——事实上，还没有比这更好的理论——那么我们的演进发展似乎已经到头了。

　　人类是否仍会继续身体上的进化呢？我指的是那些已经逐渐变

成了固定遗传特性的体质上的变化，就像我们由遗传物质固定下来的身体一样，还会发生变化吗？用生物学的专业术语来说就是人类还会发生"基因突变"吗？这是个棘手的问题，可以这样说，人类很可能已经接近或已经达到了演化的终点。这其实并不是一个未曾有过的特殊事件，而且并不意味着人类马上就要灭亡。从地质学的记载中，我们可以知道一些物种，甚至是很大的种群在很早以前就已经不再演化，可是它们并没有因此而灭绝，而是在几百万年中一直保持了同样的形态，或者没有明显的差异。譬如，乌龟和鳄鱼从这种层面来说就是非常古老的物种，是来自远古的遗物。我们还了解到，整个大的昆虫种群都不同程度地面临着这样的问题，昆虫的种类比动物界中其他的物种数量的总和还多，但是它们的形体在几百万年中变化甚小，而在此期间，地球上的其他物种已经经历了天翻地覆的变化。昆虫很难进一步进化的原因很可能是，它们的骨骼不像人类那般位于身体内，而是长在体外，这种骨骼盔甲不但能提供保护，还能起到机械固定作用。可是，它无法如哺乳动物那样从出生到成熟骨骼会随身体一同生长，此种情况也导致了一种结果：个体在生命史中很难发生适应性的变化。

至于人类的状况，有一些看法似乎认为人类将不再进一步演化。根据达尔文的进化理论，可遗传的自发性变化（或称为突变）是自然选择的原始资料，那些有利的突变才能通过自然的筛选。即使确实是对进化有利的突变，通常也仅仅只产生细微的进步。这就是在达尔文理论中物种进化的一大关键是拥有庞大的种群数量的原因所在，正因为如此，对生存有益的少许改良才有可能发生，而后代中能够成功存活下来的只占很小一部分。可是在文明族群中，这种机制已经停顿，在某些方面甚至已经在朝反方向发展。整体来说，人类不愿意看到自己的同类遭受痛苦或面临死亡。因此，我们逐渐发展了社会制度和法律。它们一方面守护生命，谴责故意弑婴的行为，努力帮助每一个病人和弱者获得生存下去的机会，但另一方面，它们取代了自然选择、适者生存的法则，将后代的数量控制在一定范围内。这可以通过两种途径实现：一种属于比较直接的方法，即通过计划生育控制实现；另一种则是通过不允许适当数量的妇女生育实现。偶尔也有一些时候，疯狂的战争与伴随而来的灾难和失误（我们这代人对此深有感悟），都会对人类的平衡产生一定促进作用，数百万成年男人、妇女和儿童因饥饿、寒冷和传染病而死亡。虽然有些观点认为，在远古时代一些小部落、氏族之间的战争具有自然选择的积极意义，现在看来似乎值得怀疑，历史上真是如此吗？毫无疑问的是，现在的战争已完全找不到一丝自然选择的积极意义了。现代战争意味着毫无选择的杀戮，如同医药和外科手术的发展对生命不加区别地拯救一般。依我的看法，虽然战争和医学二者的道义是完全对立的，可是在自然选择方面两者都不具有任何价值。

2. 达尔文主义的悲观情绪

上面这些考虑给我们传递这样一个信息：作为一个仍是演化中的物种，人类已经处于停滞状态，而且几乎没有进一步演进的可能。事实即便真的如此，我们也不必过于担忧。就像鳄鱼和许多昆虫那样，虽然没有任何明显的演化迹象，我们也能在这个星球继续存活几百万年。尽管从某种哲学的角度来看，这种观点颇为令人沮丧，我却想论述一个与此相反的命题。因此，不可避免会涉及进化论的某一方面，在朱利安·赫胥黎教授的著名的《进化论》中我找到了支持的观点。在他看来，当代的演化论支持者对这方面始终未给予足够重视。

将达尔文理论通俗化，会很容易使大家产生悲观失望的情绪，因为依据该理论，有机体在演化进程中处于一个非常消极被动的位置。突变是自发产生在基因组（遗传物质）中的，并且我们有足够的理由相信突发的主要原因在于物理学家称作的"热力学涨落"，也就是说它的发生是概率事件。个体既不能对来自双亲的遗传物质进行任何改变，也无法对将要遗传给子孙后代的遗传物质产生任何影响。突变的发生是在"物竞天择，适者生存"的指导原则下进行的，这似乎也指的是机遇属性，它意味着，有利的突变可以增加个体生存和繁殖后代的机会，个体也能将这些突变遗传给自己的后代。除此以外，个体一生的活动似乎都和种群的进化毫无关联，因为个体一生中的任何活动，在遗传上都不会对后代造成任何影响，后天获得的属性无法遗传。个体在自己一生中获得的锻炼和积累的经验都会随着个人的死亡而消失，不留一点痕迹，也不会遗传给子孙后代。有智慧的人会发现，大自然拒绝和任何个体合作，它只会按照自己的准则行事，而个人注定了无所作为，最终一切都归于虚无。

大家应该都不会陌生，达尔文的进化论并不是第一个关于进化的理论。拉马克的理论在此之前已经存在，这种理论基于以下假设：个体由于身处特殊环境或是自身的特殊行为而获得的新性状，一般情况下都能通过遗传传给后代，即便不能完完全全遗传，至少也会遗留一些痕迹。因此，假若因为生活在沙地或岩石而长出具有一定保护性的厚茧，那么厚茧这种属性也将具有一定的遗传特性，这意味着后代无须经过特别的努力，也能够免费获得这种保护属性。同样，力量或是技能，甚至个体因为特定目的连续使用某种器官引起的实质性变化，都不会随着个体的死亡而消失，而是会在后代的身上获得重生，至少后代身上会部分体现这种属性。这样的看法给了人们一个关于生物为了适应环境而表现出的复杂、惊人的适应性的简单通俗的解释。此外，它还是一个精彩的观点，振奋人心，令人鼓舞，远比达尔文理论所认为的那种令人沮丧的观点更具吸引力。根据拉马克主义，一个将自己看作进化链中的一环的有智慧的人，有充分的理由认为，他为自己在智力或体力上的提高所做出的努力，从生物学角度看，永远不会白白消失，而是一定会在人类向更高阶段发展的进程中，发挥虽微小却不可替代的作用。

遗憾的是，拉马克主义只是一种美好的幻想，其理论的基础——后天获得性性状可以遗传的观点——是错误的，已经有足够的事实证明，后天获得性性状不能遗传。唯一能对进化产生影响的是那些偶然的、自发的突变，它们和个体一生的作为毫无关联。至此，我们似乎又回到了上文中提到的达尔文主义的消极面。

3. 行为影响自然选择

现在我想向大家说明的是，达尔文的理论并非是悲观的。无须修改达尔文理论基本观点中的任何内容，我们也可以知道，个体行为以一种内在机制的方式，在物种进化中起到非常重要的作用，甚至是最重要的作用。拉马克观点的真正核心在于：要使得一种特性，不论是器官、性状或能力，还是身体特征能够真正起到有益的作用，并能够将这种优良特性遗传给子孙后代；而且，在对这种特性逐渐改进的过程中，存在一种不可忽视的偶然关联。在我看来，"用"与"进"的关联是对拉马克主义最为准确的解读，这也和我们所了解的达尔文主义暗相契合，只不过从表面看，不容易注意到这一点。事件的实际过程，与假设拉马克主义是对的基本相同，只是事物赖以发生的"机制"要远比拉马克主义认为的复杂。这是个难以说明也不容易理解的问题，我打算先扼要地对结果进行说明，可能会对理解这个问题产生意想不到的效果。

虽然前面提到的这种特征可以是任何性状、习惯、部件或行为，甚至是这个特征上的微小变化或是附加物，可是为了避免产生混淆，这里我只以器官为例来解释这个问题。拉马克主义中的逻辑是：由于这个器官被经常使用，于是器官获得了改进，最后这种改进遗传给了后代。事实上，这种观点是错误的，正确的逻辑应该是：这个器官发生了偶然的变异，导致有益的变异得到积累，至少是通过自然选择而更加明显，然后这种性状在后代中世代相传，就是说经过自然选择的突变最终形成了持久的性状特征。朱利安·赫胥黎认为，和拉马克主义类似的例子最让人吃惊的是：创造出新的演化方向的原始变异并不是真正由突变产生的，也不具备遗传性。可是，如果变异是有益的，就能通过被朱利安·赫胥黎称作"器官选择"的作用而更加明显。就是说，这些变化恰巧在合适的地方出现时，它们

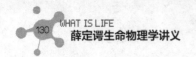

就好似为即将出现的可控制的突变做了铺垫。

现在我们再来讨论一些细节。在这整个过程中，我们需要明确的是，这些由变异、突变或是突变加上稍微的选择而获得的新性状或是性状的改进，可能很容易激发有机体采取与环境有关的新行动，这些行动对增加新特性的用处大有裨益，从而为进一步加强对这些特性选择的控制奠定基础。这种新的特性或是性状的改进，可能促使个体改变其所处的生存环境（可以是改造环境，也可以迁徙或是改变个体对环境的行为）。这所有的一切，都是为了以强有力的方式强化新特征的用途，从而加速此种特性朝着既定的方向，产生进一步的有选择的改进。

读者肯定会认为这个想法太过于大胆了，因为这意味着个体这样做是有着强烈的目的性，甚至必须要有极高的智力。可是，这里我要明确指出，虽然高等动物的有智力、有目的的行为的确包括在我的观点中，但绝非仅限于高等动物。举一个相关的例子：

在某些群体中，并非所有的个体都处在同样的环境中。有一种野花，它的群体有些生在背阴处，有些则生在向阳处；有些生长在高海拔的山峰，有些则生长在低海拔的山谷。叶子上长茸毛的突变体在高海拔处有优势，通过自然选择在海拔较高的地方有利于这种突变发生；但是这种突变体在海拔较低的山谷无法生存。最终的结果就好似是，叶子长毛的突变体会自动迁移到有利于突变朝这一方向进一步发展的环境中一样。

另一个例子：鸟类的飞行能力使得它们能将巢筑在高处的树枝上，以此使得天敌难以接近幼鸟。最开始，只是喜好在高处筑巢的鸟获得了这些位置带来的好处，接着因为栖息在高处，所以在幼鸟中飞行熟练的个体通过了自然的选择。由此，飞行的能力引起了环境的变化，或者说对环境做出的反应，这有利于这一能力的进一步积累。

动物最突出的特点就是可以划分为许多物种，而且其中许多物种都有它们赖以生存的独特而又微妙的功能。动物园几乎就是个珍品的展览会，若是计入各种昆虫的进化史，那就更是这样了。不特殊只是例外，独到的才是正常情况，许多的生物若不是大自然的鬼斧神工，任何人都想象不到。难以令人相信这些都是达尔文式的"偶然积累"造成的结果。

生物几乎与"简单而平凡"的设计毫不沾边，它们在某些方向朝着复杂发展的驱动力之强大，无不让任何人为之震惊。"简单而平凡"似乎是不稳定状态的代名词，对这种状态的背离激发出了能量（看着是这样），在同一方向进一步推动了背离的深度。假若有人总是愿意按照达尔文的原始概念来思考问题，认定某个装置、机制、器官或是行为的演变，都是一系列彼此毫无关联的偶然事件共同作用的结果，那么对于他来说"由简单平凡向复杂发展"的观点将会非常难以理解。我认为，事实上，只有满足"特定方向上的"初始细微变化才是由偶然事件产生的，接着便会通过自然选择的方式，朝最初获得优良性能的特定方向，逐步系统地为自身创造"锤炼可塑之材"的环境。打个比方来说，物种一旦发现生存的机遇在哪个方向，就会继续沿着这条道路发展。

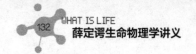

4. 伪拉马克主义

通常认为，偶然的突变不仅能使个体具备某种优势，而且利于其在一定环境中存活，我们需要设法使用通俗的方法理解，并且采用非万物有灵论的方式来系统阐述，为何这种偶然突变实际起到了比通常看法更大的作用。也就是阐明，它们可以提高自己被有效利用的可能，进而使环境的选择性影响聚焦在自己身上。

为了解释说明这种机制，我们将环境粗略分为有利环境和不利环境两类。有利环境包括食物、水源、栖息地、阳光等诸多利于生物生存的东西；不利环境则包括来自其他物种（比如天敌）、食物匮乏和环境恶劣等的危险。为了表述方便，我将有利环境简称为"必需品"，不利环境简称为"敌人"。物种不一定能获得所有的必需品，也不一定能躲过所有的敌人。可是无论对何种生物而言，在避开敌人和获取最易得的必需品以满足生存的急需时，必须采取折中的方法，以谋求自己能够存活下来。

对个体而言，有利的突变意味着更容易获得必需品，或是减少敌人的危害，也可能两者兼而有之。因此，拥有有利突变的个体提高了自身存活的概率，此外，这样的突变也使得原来最为有效的折中方案也发生了变化，原因在于它改变了必需品和敌人对个体的相对重要性。无论是因为偶然还是智力因素而改变了行为的个体，都处于较有优势的地位，因而能够获得自然选择的青睐。这种行为上的变化无法通过基因或是直接遗传给后代，可是这也并不意味着，它不能传给下一代。举个最简单的例子，就拿前面提过的能产生有茸毛突变体的小花来说，这种小花遍布山坡，而有茸毛的植株主要适应在高山地区生长，这些植株把它们的种子也撒在高山地区，带来的结果就是有茸毛的后代，某种意义上说是"爬上了山坡"，以便更好地利用拥有的有利突变。

在所有这些情况中必须牢记的是，大自然的整个环境一般情况总是处于不断变化的状态，生存的斗争极其残酷。拥有强大的繁殖能力，能够适应环境数量却没有明显增加的物种，通常而言，天敌对它们的危害远大于必需品的制约（单一个体的生存是例外）。除此以外，敌人和必需品之间往往也有某种关联，这样造成的结果就是，只有不惧天敌的威胁，才能获得迫切的必需品。譬如，羚羊不能不到河边饮水，可是这个饮水点也是狮子的活动区域。生物的全部生活形式，基本上可以概括为如何与敌人周旋和获得必需品的错综复杂的交织体。因此，对于挑战危险因而避开危险的有突变个体而言，一个能够稍微减小危险的某种突变，很可能会产生非常大的影响。这可能会导致一种值得注意的选择的出现，不仅体现在我们讨论的基因特征方面，也体现在使用这种特征（有意或是偶然）的技巧方面。这种技巧，可以透过示范和广义上的学习传递给后代。这种行为的变化，反过来又促进了在这一方向上的进一步突变的选择价值。

采用这样的方式说明，可能和拉马克主义阐述的机制相似度非常高。虽然无论是习得的行为，还是伴随着形体的变化都不能直接遗传给后代，但是在进化的过程中行为仍起到重要的决定性作用。可是，实际上这种偶然的联系和拉马克所设想的并不相符，而是恰好相反。并非行为改变亲代的形体，并通过遗传改变后代的形体；

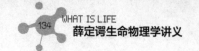

而是亲代形体上的变化，经由自然选择改变了它们的习性，这些习性的变化再通过示范、教学或是更为原始的方式——由基因组变化引起的形体的改变——传给后代。此外，即便形体的变化并不是可直接遗传的变化，可是通过"经验传授"产生的行为也可能是演化中非常重要的一种因素，因为它为未来的可遗传突变指明了方向，并随时准备好充分利用这些突变，使它们更容易通过自然选择的考验。

5. 习性和技能的遗传固定

有人可能会对我们这次描述的情况表示异议，认为这些情况都是偶然发生的，无法持续不断地发生，所以不能作为解释演化的根本机制。因为行为的变化不是通过物质遗传，而是通过染色体的改变遗传给后代，所以也无法一开始就在遗传中固定，并且它究竟是如何与遗传物质发生结合的也很难弄清。这本身就是一个非常重要的问题，因为我们的经验确实告诉我们，习性源自遗传，几个显而易见的例子就能说明这个问题：譬如，鸟儿天生就有筑巢的习性，我们观察到的猫、狗天生就有自我清洁的习性等。如果正统的达尔文理论对这些无法解释，那么它就面临着被放弃的风险了。当用这个观点讨论人类时，问题就显得非常重要了，因为人们总是希望借此得出这样的结论：从合适的生物学意义上而言，个人一生的努力和奋斗，对整个人类的发展和进步具有不可或缺的作用。我认为情况可以简述如下：

我们的假设是，行为的变化和形体的变化二者紧密联系，相辅相成。起初，行为变化是形体变化的一个偶然结果，可是接下来，行为的变化就设定好了进一步的选择机制，这是因为假如行为利用了最初的有利条件，那只有在相同方向上的进一步发展，才会产生自然选择上的价值。一旦（比如）新器官足够发达，行为和器官的联系就越发紧密，由此，行为和形体相互交融于一个整体。就像你有一双灵巧的双手，你不会不使用它们来为你效力，不然这双手也只能碍事（比如初次登台的演员，往往不知道自己的手该做什么好，也就显得局促，不知将手放在哪儿比较合适）；假如你有一双可以飞翔的翅膀，你不可能不想飞翔；你若有一副能变声的好嗓子，你也一定会试着模仿周围的声音。将拥有一个器官和急于想使用这个器官，并通过不断实践提高器官的技能，看成是生物体的两个不同特征只是一种人为的划分，这样的区分只能通过抽象语言描述，自然界中找不到对应的存在。

当然，我们也绝不能认为"行为"最终总会进入染色体（或类似物质）并获得自己的位置。而是新器官的出现，带来了新的习性和器官的使用方法。假若没有有机体始终恰当地使用器官进行协助，那么自然选择在"制作"新器官中也只能有心无力。这一点非常重要，因为只有如此，行为和器官两者之间才能相互促进，并在最后（事实上，在每一个阶段），二者融为一体，形成"使用过"的器官并在遗传中固定下来，像拉马克所描述的那样。

将这个过程比作人类制造一台精密仪器，就能比较清楚地说明白其中的道理。乍看起来，两者似乎差别很大：假如我们要制造一台精密仪器，而远在仪器完工之前就失去了耐心，总是想着试用，那么结果多半是仪器被损坏。可能有人会觉得，自然界的情况和这个不一样，只有在使用实践中不断探查其效能，新的有机体或器官才能在自然界诞生。然而，实际上这种对比是不合适的，人类制造一件精密仪器的过程，实际和个体发育的过程相当，也即相当于个体从受精卵到成熟个体的发育过程，在这整个阶段中，任何的非必须的干预都是不被接受的。年轻的个体在成长至身体健壮，培养起同类的本领之前，都必须受到保护，不能强迫它们工作。

为说明有机体的演化发展历程，我们或许可以用自行车的历史演变为例子，这两者具备进行真正比较的条件。在关于自行车的历史演变展览上我们可以看到，这类机器是如何一代一代演变的，同样，我们也可以从火车头、汽车、飞机和打字机等机器看到这样的演变过程。在此过程中，不断改进现有的机型是必不可少的步骤，就像自然发展的过程一样。可是，这些并非完全都通过使用来进行改进，实际使用中获得的经验和提出的意见才是改良的主要依据。顺便提一下，我们用作比较的自行车就像是一个已经存在许久的有机体，它已经达到了可达到的完美地步，因而即使不再进行下一步的变化，这种有机体也不会马上就消失！

6. 智力进化的危机

现在让我们回过头来看本章的起始部分，我们是从下面这个问题开始的：人类还有可能进行生物学意义上的演化吗？在我看来，我们现在的探讨已经涉及了与之相关而且十分重要的两点。

第一点，行为在生物学上的重要性。虽然行为本身不能直接遗传，

但是它能顺应与生俱来的器官功能和外部环境，促使个体本身与这两种因素中的任何一种相适应，从而极大地推动物种演化进程。植物和低等动物只能依靠缓慢的自然选择，通过不断地试错，获得适当的行为；而人类却可以凭借自身的高度智慧，对自然选择主动采取行动。这种难以估价的优势，可以很大程度上弥补人类繁殖速度缓慢，种群数量相对稀少的劣势。从演化角度来看，为了让所有人都能得到生存下来的物质条件而限制生育数量，是非常危险的做法。

第二点，人类是否还能再有生物演化？这个问题和第一点联系紧密，从某种意义上来说，我们可以得到肯定的答案。也就是说，能不能再演化，完全取决于我们自己。我们要主动出击，掌握主动性，如果想要再有演化就必须有所作为，如果什么都不做，那也不要期望会有新的演化发生。就好像政治、社会的发展或是各式各样的历史事件事实上并非是命运强加给我们的，而主要取决于人类的行为一样，我们绝不可认为人类演化的未来是早已由自然法则所注定的不可改变的命运，事实上它也不过是宏观的历史罢了。虽然在看我们如同我们注视鸟类或是蚂蚁的超人看来，我们的命运似乎是由自然法则早就注定的，可是，不管怎么说，作为历史大戏的演员的人类而言，事实并非如此。人类通常会认为，不管狭义还是广义上的历史都是一种由既定的法则支配，人类无力改变的法则，也就是说一切都是命中注定。原因很简单，每个人都会有这样的感受，除非我们的意见能够被大多数人所接收，并且大家愿意按照我们的指挥调整自己的行为，否则我们对于历史似乎并没有任何发言权。

那为了人类在生物学上的未来，我们需要采取什么样的行动呢？

在这，我只想提一点我认为是最主要的看法。在我看来，我们正处在将和"通往最完美的路途"失之交臂的关键而危险时刻。如前文所述，自然选择是物种进化不可或缺的条件，如果没有自然选择，生物不仅会停止发展，而且很可能出现退化。用朱利安·赫胥黎的话来说就是"……**一旦一个器官不再发挥功用，退化性（灭亡）的突变就会占据优势，器官发生退化的可能性也极大提高，此时自然原则无法再发挥保持器官功能符合实际要求的功能。**"

所以，我认为，现阶段越来越机械化和"傻瓜化"的生产过程会使得人类智力器官面临退化的严重威胁。由于不需技巧的沉闷枯燥的机器生产装配线工作日益增加，聪明的工人和反应迟钝的工人获得的生存机会日趋均等，因此聪明的头脑、灵巧的双手和锐利的眼睛都越来越不显得出众。确实，智力并不出众的人偏向于认为枯燥无聊的劳动更容易，因而有所收益，他也会感觉谋生更加简单，可以成家立业，生儿育女。这样导致的结果就是，很可能在人类的才能和天赋领域，发生劣币驱逐良币的情况。

现代工业社会的艰辛，催生了某些旨在减少这种情况的制度，保护工人免受剥削和失业，同时出台了许多其他福利和安全措施。这些制度都被认为是有益且不可缺少的。可是我们不能忽视以下的事实：诚然，这些制度减轻了个人照顾自己的责任，并使得每个人获得均等的机会；可是，这也取消了在个人能力上的竞争，这使得人类的生物进化陷入停滞。我知道这是一个存在很大争议性的观点，许多人可能会拿出强有力的证据，说明关心人类的福利益处一定远大于对人类进化未来的担忧。不过，庆幸的是我的看法是它们两者

是共存的，不会相互抵制。

不仅是贫困，枯燥也是人类生活中的一大祸害。我们不能让自己研制的精巧的机器生产越来越多的多余奢侈品，相反，我们应该有计划地改进它，使得它能替人类完成那些不需要动脑子、机械重复的、单调枯燥的工作。机器必须用来完成那些人类太过于熟练的工作，而不是让人去完成那些使用机器太过昂贵的工作。这样做虽然无法降低生产成本，却能使从事生产的人身心愉悦。可是现实的情况与此相反，只要全世界的大公司和企业之间仍存在竞争，这种做法得到推行的可能性就非常渺茫。这种竞争不但使人感到人生枯燥无味，在生物学上也没有任何价值。我们的目标应该是——将个人间的有趣智力竞赛，恢复至应有的位置。

第三章

客观性原则

我曾在9年前提出两个原则，并把它们作为科学方法的基础。它们分别是自然界可知原则和客观性原则。从那以后，我多次涉及此类题材，最近的一次是在我的一本小册子——《自然和希腊人》。本章中，我主要想论述的是后者，即客观性原则。

在开始这个论点的论述前，请允许我试着消除一些可能存在的误解。虽然我曾认为，我在最初就试图避免产生误解，可是从那本书的几篇评论中，我还是看到了存在产生误解的风险。情况基本是：有些人似乎觉得，我在企图制定几条应该作为科学方法基础（或至少应成为科学的基础）的基本原则，而且必须毫无保留，不顾一切地坚守这些原则。事实并非如此，我不断强调的是，它们本就是科学的基础，是古希腊人留给我们的宝贵遗产，西方科学或科学思想的一切的源头都是古希腊人。

会产生这样的误解也情有可原。假如人们听说某位科学家制定科学的准则，而且对其中两条原则尤为推崇，认为它们是基本的、由来已久的，那么，大家难免会认为，他一定是非常支持拥护这两个原则，并且会提出科学必须遵守这两条原则的要求。但是在另一方面，大家需要知道的是，科学从来不强加任何东西，科学只是陈述。科学的宗旨在于对被研究对象做出客观、准确的描述。科学家只强加两种东西，即真实和真诚。他们不但对自己这样要求，也要求其他的科学家遵循。现在我们的研究对象就是科学本身，历史上科学有自己的发展历程，才有了今日科学的面貌。没有任何人规定它应该是怎样，更不可能有人规定未来它必须怎样。

现在我们来谈谈这两个原则，第一个：自然可知原则。关于这个，这里我只有几句话想说。这个原则最令人震惊的事实是，它必须被发明出来，而且很有必要去发明它。最开始提出这个原则的是米利都学派的哲学家兼自然科学家，从那以后，很少有人对这个论题进行论述。但并非完全没有不同的意见，物理学目前采用的方针就和这个原则存在明显的分歧，描述自然界缺乏严格的因果关系的测不准原理（或称为不确定原理）就是这种背离中的一个典型步骤，也就是说，这种原则已经部分地被它放弃了。如果对此进行深入探讨，应该会是一个很有吸引力的话题，不过我打算在本章讨论另一个原则，也就是被我称为客观性的原则。

我说的客观性也时常被称作"真实世界的假说"。我的看法是，客观化实际上是一种简化方法，是为我们能够掌握自然界这个复杂到极致的问题而服务的。如果缺乏对自然界清楚的认识和严格而系统的深入研究，我们就把"认知的主体"从我们努力了解的自然中剔除了。如果我们自己向后撤一步，把自己当成这个世界的一个旁观者，那么，这个世界就成了客观的世界。可是这种方法在下面两种情况中会含混不清：第一，我自己的身体（我的精神和它紧密联系在一起）是我的感觉、知觉和记忆构成的客观世界的一部分；第二，其他人的身体也是这个客观世界的一部分。

现在，我有充分的理由相信，其他人的身体也和他们的意识领域紧密相连，或者就是他们意识中的一部分。我没有办法直接接近这些意识，但我也没有任何理由怀疑这些意识的真实存在，所以，我更愿意将它们看成是某种客观存在的事物，是构成周围的真实世界的一部分。此外，至于我自己，既然和其他人没有区别，实际上从各个角度来说都是对称的，因此，我认为我自己也是我周围这个真实世界的一部分。或者说，我将有意识的自我（它已将世界视为精神产物），和由上述一系列错误结论得出的逻辑非常混乱的推论一并重新归入这个世界中。我将逐个指出这些逻辑的混乱之处。由于我们已将自己抽离出这个世界去扮演一个不相关的旁观者，付出如此高昂的代价，才看到了一幅还算是令人满意的世界图景，所以请允许我暂时只讨论其中两个最为明显的存在矛盾的地方。

第一个矛盾之处在于，我很吃惊地发现，我们对这个世界的构想完全是一幅"灰暗、冰冷、寂静的景象"，颜色和声音，冷和热都是我们最直接的感受，在剔除了我们的自我精神的世界中，这些也不复存在。

第二个矛盾之处在于，我们对物质与精神的相互作用的探索仍一无所获。谢林顿（Sherrington）博士的《人之本性》一书中对此的精彩论述，可以让我们认识到这一点。只有将我们的精神从物质世界中抽离出来，使得精神和物质世界分离，以此为代价，我们才构想出了物质世界。因此，精神不是物质世界的一部分，因此它既不能对物质世界产生影响，物质世界的任何东西也不能影响到它（斯宾诺莎对此做了简明清楚的阐述，见本章后面部分内容）。

对我已经提出的几点，我想做一些更为详尽的论述。首先，请允许我引用荣格（C. G. Jung）的一篇文章中的一段。这篇文章从另一个完全不同的角度声明了与我相同的观点，尽管采取了严厉的斥责方式，依然让我感到兴奋。但我还认为，将认知的主体抽离出客观世界，是为了暂时获得还算令人满意的世界图景而付出的高昂代

价，而荣格已经在责难我们为了走出无法摆脱的困境支付了赎金。他这样说道：

> "一切科学都是心灵的活动，我们的一切知识都源于心灵。精神是宇宙所有奇迹中最大的那个，是客观世界不可缺少的必要条件。令人疑惑的是，西方世界似乎对此好不重视（只有极少数例外）。认知的客体好似汪洋大海，将一切认知的主体淹没至幕后，好似认知主体不复存在一般。"

当然，荣格的观点非常正确，显然地，由于他从事心理学的研究工作，他对这个新兴领域要比物理学家或生理学家敏感得多。然而我要说的是，从一个坚守了2 000多年的领域迅速撤离是很危险的，除了能在某个特殊领域——当然也是非常重要的——获得一定自由外，我们很可能因此而丧失一切。可是，这个问题已经被提出来了，心理学这门新兴学科迫切需要生存空间，它不可避免地要求重新考虑已有的学科秩序。这是一项艰巨的任务，此时此刻我们也无法解决这个问题，只能满足于此将它提了出来。

我们已经看见，心理学家荣格抱怨我们构建的世界中排除了心灵，用他自己的说法是，忽略了精神。作为对照，或者说作为补充，在此我想援引一些观点，这些观点出自一些物理学、生理学等这类比较古老、质朴学科中的代表人物。为的是说明这样一个事实：现在的科学世界已经过于客观化，找不到任何精神和直接感觉的空间。

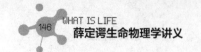

估计一些读者对 A.S. 爱丁顿（A. S. Eddington）的"两张书桌"的论述并不陌生，一张是他正端坐于前，手臂正放在上面的那张普通的旧家具；另一张则是缺乏任何感觉特征，一种科学家正在研究的充满小孔的物体，它的绝大部分都是虚空，其中散布着无数微粒，这些微粒就是不断旋转着的，以自身尺寸 100 000 倍距离分开的电子和原子核。通过两者这样经常而生动的对比，他给出了如下总结：

> "在物理学的世界中，我们看到的只是一幕幕熟悉生活场景的影子剧，我两个手肘的影子重叠在桌子的影子上，墨水的影子流过纸张的影子。清楚认识到物理学与影子世界相关，是近代取得的最为重要的进步之一。"

需要注意的是，近期的研究进展并不在于物理学界了解了这种影子的属性，早在阿布德拉的德谟克里特，甚至在那之前，这个观点就已经存在，只不过我们对此一直不了解。过去我们认为和我们打交道的是世界本身，我所知道的，人们开始使用模型或图像来表示科学概念的手法，在 19 世纪下半叶后才出现。

在那以后不久，谢林顿爵士出版了他的重要著作《人的本性》，书中充满了对物质世界与精神相互作用的客观证据的诚实探寻。我使用"诚实"这个词，是因为一个人需要付出非常严肃真正的努力，才能去寻找人们普遍认为不存在，而且他自己也预先深信无法找到的事物。在书中的第 357 页，他简单总结了这次探索的结果：

　　"心灵，就是我们能够感觉到的任何事物，它比幽灵还
要幽灵般地存在于我们的空间世界。它看不见、摸不着，
甚至没有任何形体。它不是一个'物体'，因此我们的感官
无法证实它的存在，而且永远无法证实它的存在。"

　　假若用我自己的话，我会这样表述：意识用它自身的材料构建
了自然哲学家的客观外部世界，只有通过一种简单的方法，意识才
能完成这项艰巨的任务，那就是将自己从构建的客观世界抽离出来。
因此，客观外部世界中不包括它的缔造者。

　　仅靠引用其中的几句话，我无法向你们完整转达谢林顿爵士这
本不朽著作的伟大之处，你们必须亲自去品读这本书。不过书中还
有几个更具特点的地方我想提一下：

　　"自然科学……是我们面临这样的困境：意识无法弹钢
琴，无法移动一根指头。"（第 222 页）
　　"于是我们面前出现了这样的僵局。我们对意识（怎样）
影响物质一无所知，逻辑缺失的无力感，让我们无所适从。
难道这只是种误解吗？"（第 232 页）

　　让我们对比一下一位 20 世纪的实验心理学家的言论和 17 世纪
最伟大的哲学家斯宾诺莎的简明论述（《伦理学》第三部分，第二
命题）：

"身体无法指挥心灵思考，心灵也无法指挥身体运动、静止或干其他的事（如果还有其他的话）。"

这个僵局就是无法被打破，难道我们的行为不是受我们自己支配的吗？可是，我们真真切切感到应该为我们的所作所为负责，于是才有了在各种情况下，我们会为了我们的这些行为受到奖励或是惩罚。这的确是自相矛盾的，可是，我认为在我们目前的科学发展阶段，这个问题仍难以解决。当今的科学已经完全陷入了"排除原则"的深渊而不自知，因此才会产生悖论。知道这一点是有意义的，但对解决问题不能起到直接助力，通俗些说，不能通过议会颁布法案将"排除原理"取消，要消除这个悖论，只能通过革新科学态度，更新科学面貌，而这些都必须小心谨慎。

由此我们面临了下述需要注意的情况：构建世界图像的材料，全部来源于感觉器官产生的记忆或经验，感觉器官就是"意识的器官"，因此，每个人的世界图像现在是，而且始终是由他的意识构建的，没有证据说明有其他东西存在。可是，意识本身对于由它构建的世界图像而言是个外来者，那里没有它的位置，在那个图像的任何地方都找不到它。一般情况下我们都体会不到这个事实，因为我们已经习惯了接受这样的思维：一个人或动物的"人格"，总是存在于他或它的身体内部。一旦被告知在体内无法真正找到它的存在，我们会过于震惊和怀疑，并犹豫且极不情愿接受这样的说法。

我们已经潜意识中形成了这样的观念，"有意识的自我"存在于我们的大脑中，或者说在两眼之间中点后方 1—2 英寸的地方。根据现实情况的不同需要，那里可以产生理解的、和蔼的或是温柔的表情，也可能是怀疑的、愤怒的表情。我不知道人们是否有注意到这样一个事实，我们的眼睛是唯一纯粹接受性的感觉器官，要认识到这一点仅凭天真的想法是不行的。实际情况中，我们总会反过来认为眼睛中会发射出"视线"，而通常不会考虑到透射入眼睛的"光线"。我们经常可以在低级小报或是一些表示光学仪器或规律的示意草图中，发现这种关于视线的描绘：一条虚线从眼睛中延伸出来，指向某一物体，处于远端的箭头表示它的方向。亲爱的读者，或者准确些说，亲爱的女读者，请回想一下，当你的孩子看见你给他买的玩具时，他向你投来的明亮而喜悦的目光。可是，物理学家会告诉你，事实上，这双眼睛中什么都没有出现，客观上这双眼睛唯一能被观察到的作用只是，不断接触或接受光子。这就是事实，一个奇怪的事实，我们都能感觉到其中似乎少了些什么。

我们无法估计人格在身体中的具体位置。我们说的意识位于身体中，只具有象征意义，其目的只是为了实际应用的需要。让我们用所有已知的相关知识，逐步展开对身体中这种"温柔的眼神"的探索。在我们的身体中是一片有趣的繁忙景象，只要你乐意，也可以将它看成是一台机器。我们的眼睛是由数百万的专业细胞构成的，这些细胞具有难以测量的精细结构，基于这些精细结构，细胞之间能够广泛而高效地互相联系和分工合作。我们在其中发现了不断冲击的规律性电脉冲，当这些电脉冲传递到各个神经细胞时，细胞的组态会迅速发生变化，成千上万的细胞间的联系在瞬间完成，由此引发了化学变化和一些可能尚未观察到的变化。这就是我们观察到

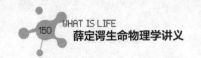

的一切，而且随着生理学的不断进步，我们对它的了解肯定会更加深入。

然而，现在让我们做下述的假设。在某种条件下，我们最终观察到了传出的神经电脉冲。它们由大脑发出，经由细长的运动神经纤维，传递到了手臂的某些肌肉组织。于是为了一次长期的、痛苦的分离，手臂极不情愿地举起颤抖的双手和你挥舞告别。与此同时，其他的一些神经电脉冲会促使某种腺体分泌，使那悲伤的双眼充满泪水。你可以确信的是，无论生理学发展到何种地步，沿着眼睛到神经中枢再到肌肉组织和泪腺这条路径，在我们体内的任何地方，你都看不到人格，看不到可怕的痛苦，看不到无所适从的担忧。虽然你可以如此肯定它们是确实存在的，如同你能切实感受到自己遭受痛苦，感受到担忧，事实上你真的能够感受到。

生理学能够告诉我们"任何其他人"的身体构成，假如这个"其他人"恰好是我们最亲密的朋友，这会让我想起一个奇妙的故事。相信许多读者都知道爱伦坡写的小故事——《红色死神的面具》。故事说的是，一位小王子为了躲避国内流行的红色死神瘟疫，和他的随从一起隐居在了一座与世隔绝的城堡中。在入住城堡大约一周后，他们举行了一次盛大的化妆舞会。舞会上出现一名戴着面具的蒙面人，此人身材高大，全身紧紧裹着一袭红衣服，显然，红色代表了瘟疫。这个蒙面人使大家毛骨悚然，一方面因为他的带有恶意的化妆手法；另一方面因为大家都觉得他是一个外来人。最终，一个大胆的年轻人，偷偷靠近了这个蒙面人并猛地一把扯掉了他的面具和头饰，结果发现这原来是一具空的躯壳。

我们并不是一具空壳。在我们的躯壳中发现的东西，虽然也能强烈地吸引我们的注意力，可是，一旦以生命和意识作为衡量的标准时，它们就什么都算不上了。

认识到这一点，最初可能会使人感觉不快。然而深入想一想，我倒感觉这不失为一种安慰。想象一下，假若你不得不面对一位已故好友的遗体时，想到这具身躯从来就不是他的灵魂的真正所在，只不过是一种"实际参照"的象征性表示而已，这对你来说难道不是一种安慰吗？

作为上述观点的补充，那些对物理学兴趣浓厚的读者，可能希望我对量子物理学思想学派中关于主体和客体的一系列思想做些评述。这一学派的倡导者包括波尔（Niels Bohr）、海森堡（Werner Heisenberg）、波恩（Max Born）等人。首先，让我先概括地介绍一下他们的思想，内容如下[1]：

"假如不能和某种特定的自然物体（或者物理系统）进行真正的物质交互作用，那么我们就无法对它做出任何实际的说明。即使这种交互作用仅仅是我"观察那个物体"，那个物体也必须接触到光线，并将光线反射入我的眼中，或是某种观察仪器中。这表明，物体已经受到了我的观察的影响。当一个物体被完全孤立起来时，外界就不可能获得关于它的任何信息。同时，这个理论也认为，这种干扰

1　详见我的著作《科学与人文主义》第 49 页。

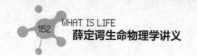

并非完全不相关，也不能完全测量。所以，物体在经过若干次测量后处于一种状态，其中的某些特征（源于最后一次测量）是已知的，而另一些特征（受最后一次测量的影响）则是未知的，或者无法准确知道的。事物的这种状态说明，不可能对任何自然物体做出完全的、准确的描述。"

假如我们不能不承认，实际上也不能不承认上述这些话，那就公然和"自然是可知的"这一原则相违背了。这并不是一件耻辱的事，在本章的一开始，我就告诉大家，我并不想我所提出的两个准则对科学造成任何束缚。这两个原则仅仅表示了在许多个世纪以来，我们在自然科学领域一直坚守，并且不能轻易改变的准则。我无法判断我们目前的知识是否足够证明，对这些原则做出改变是正确的。在我看来，我们的模型可以通过这种方式，修改成在任何时候都不会同时出现原则上不能同时被观察的属性——这种模型没有同时表现不同属性的特征，却对环境的变化表现出较好的适应性。

这只是一个物理学内部的问题，我并不打算在此解决它。可是，前面阐述的，关于被观察物体受到测量方法的影响，这种影响不可避免，且无法准确测定。有人从中得出了关于主客体之间关系的具有认识论内涵的重大结论。他们认为，物理学的最新发现，已经逼近了主、客体之间的神秘边界，这个边界并没有清晰可辨的明显界限。当我们观察某个物体时，物体不可能不受到我们的观察活动的影响，由于受到我们用于观察的精密方法的影响，连同我们对实验结果的思考的影响，主、客体之间的神秘界限已经被打破。

为了便于对这些争论发表评论，我先接受关于主、客体之间有明确边界，或者说有明显区别的看法，因为过去和现在的许多思想家都接受这一看法。从阿布德拉的德谟克里特到"柯尼斯堡的老人"（康德），在接受这种看法的人中，几乎没有人不强调，我们全部的感觉、知觉和观察无不带有强烈的个人主观色彩，而且并未表现出康德所谓的"物自体"的特性。虽然这些思想家中的一些人，对"物自体"有不同程度的曲解，可是康德使我们彻底放弃了理解"物自体"：任何人都不可能完全了解"物自体"。所以，在一切现象中，都具有古老的而又被大家熟知的主观性观念。目前情况下的新观点是：不仅取决于我们对环境的印象，还主要取决于我们的感觉中枢的属性和不可预测的状态；反过来，那些我们想要观察的环境，也被我们改变，尤其是受到我们为进行观察而使用的装置的影响。

真实情况也许就是这样，某种程度上讲，也肯定是这样。从最新发现的量子物理学的定律来看，这种影响似乎无法降低到某个非常确定的极限之下。可是我还是不愿意将其称为主体对客体的直接影响，因为主体只不过是感觉和思维的存在，而感觉和思维并不属于能量世界，就像斯宾诺莎和谢林顿爵士的著作中所说的那样，感觉和思维无法在这个能量世界中产生任何变化。

上面的观点都来源于主体和客体间有明确区别的古老而神圣的观点。虽然在日常生活中我们只能接受这种观点作为"实际的参照"，可是我认为，在哲学领域，我们应该放弃这种观念，康德已经用了"物自体"这种超然的概念揭示了其中的缜密的逻辑关系，可是，我们对"物自体"这种空洞的概念一无所知。

我的心灵的成分，和构成世界的成分是一样的，每一种心灵和它所构想的世界都是如此，尽管二者"互相参照"的例子数不胜数。世界给我的感觉只有唯一的一种，而不是实际存在的和感知的两个世界。主体和客体本质上是一体的，我们绝不能认为物理学的最新发现，消除了主体和客体之间的障碍，因为所谓的障碍实际根本不存在。

第四章

算术诡论：意识的单一性

在现在的科学的世界图像中，任何角落都找不到拥有感觉、知觉和思维的自我，用一句话就可以说明这个问题：这个世界图像就是意识本身，二者浑然一体，因此无法将意识当成其中的一部分。可是，这儿我们似乎遇上了一个算术诡论：有意识的自我远不止一个，而世界却只有一个，导致这样结果的原因在于产生世界概念的方式。个体的意识包括几个部分，我们周围真实世界的结构就是其中各个体意识的重叠部分。就算如此，仍存在一个问题让我们感到某种不安。每个人意识中的世界都是一样的吗？是否存在这样一个真实的世界，它的图像跟我们每个人意识中由感知构建的世界图像存在很大差别？倘若事实果真如此，我们意识中的图像是否和真实世界一样，或者说，真实世界本身和我们感知到的世界是否存在很大差异？

我认为，虽然这些问题都很是精巧，可是也很容易让人对论题产生混淆。它们没有合适的答案，且都会导致或自身即为悖论，这些悖论都有一个相同的来源——算术诡论。存在意识的自我有很多，而由这些意识产生的经验共同创造的世界却只有一个，我想这个数字诡论的答案同样可以破解上述所有的问题，而且我敢肯定，答案还可以揭示出这些问题的虚假性。

解决这个数字诡论的道路有两条，不过以现代科学的观点（它的基础是古希腊思想，因而是完全"西式的"）来看，这两种方法都非常愚蠢。其中一种就是采纳莱布尼茨（Leibniz）的令人畏惧的单子论中的世界多重性：每个单子本身都是一个独立的世界，单子之间没有任何交往，它们都是封闭式的，不能与外界接触。但它们通

过一种所谓的"预先设定的和谐"达到相互一致。我想不会有多少人对这种观点感兴趣，不仅如此，这种办法只会被看成是一种缓解数字矛盾的方式。

显然，解决这个问题的办法只剩下一种，那就是多重知觉或意识的统一。它们只是表面上看起来是多重的，而实际则只存在一种意识。这就是《奥义书》中的观点，可不仅仅是《奥义书》，若非遭到现存的强烈反对，所有与神合二为一的神秘主义通常都是这种理念的体现。这意味着这样的观点在西方并不如在东方那样容易被接受。让我引用一个《奥义书》之外的例子，这是 13 世纪一位波斯伊斯兰教的神秘主义者阿奇·萨特非（Aziz Nasafi）的话，是我摘自费里茨·迈耶（Fritz Meyer）的文章，并将其从德文翻译过来的：

"任何生物死后，灵魂回归灵魂世界，肉体回归实体世界，但其中，只有肉体发生变化。灵魂世界是单一的灵魂，它就像是世界身后的一道光，任何一个生物诞生时，它的光芒就好似透过窗户一般，穿过它的身体。照进世界的光的多少取决于窗的种类和大小，可是光自身始终没有任何变化。"

10 年前，阿尔道斯·赫胥黎出版了一部重要著作，他称之为《永恒的哲学》，这是一部收录各时代的各国神秘主义者著作的选集。随意翻开它，你会惊讶地发现许多神秘主义者都有着相同的卓见，不同种族、不同宗教的人，虽然他们生存的时间相差千百年，生活的

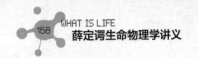

地域相距千万里，彼此素未谋面，甚至根本不知道对方的存在，而他们的见解却是惊人的一致。

可是我还是必须说明，这种观点对西方思想没有任何吸引力，它们被指责为不合乎科学的荒唐谬论。导致这种结果的原因在于，我们的科学，或者说希腊的科学，是完全以客观性为基础的，其切断了对认知主体和精神活动的理解认知。我认为，这正是我们现在的思想中所欠缺的地方，或许我们可以从东方思想中汲取一些新鲜血液。可这并不是那么容易，我们必须分辨出其中的谬误，就像输血往往要非常小心，防止血液凝结。我们的科学已经达到了史无前例的逻辑上的精确性，而且我们也绝不想失去这种精确性。

可以支持神秘主义关于意识之间以及它们与最高意识的一致性的还有"同一"观念，这正与莱布尼茨令人心生畏惧的单原子论相反。"同一"观念可以宣称它是以事实经验为依据的，即意识总是单数出现而从未多数出现这一事实。我们中的任何人从来没有经历过有多种意识的体验，也没有任何相关证据表明这种情况曾在世界上某个角落发生过。如果我说我们的头脑中不可能有多种意识存在，这似乎是没有任何意义的重复，因为我们根本无法想象会有相反的情况发生。

可是在某些情况下，假若真的可能的话，我们会期望甚至需要这种无法想象的事情发生。我想对这个问题进行仔细的讨论，并借助谢林顿爵士的观点来强化我的结论。谢林顿爵士是一位天赋极高，同时又非常冷静的科学家，这是非常少见而难得的。就我所知道的，他对《奥义书》中的哲学没有任何偏袒。我讨论这个问题的目的是

希望为将来我们的科学世界观吸收"同一"观念扫清障碍，使得我们不必为此付出失去理智和准确的逻辑的代价。

刚才我提到，我们甚至无法想象一个头脑中有多重意识。我们可以宣称这句话是对的，可是它并不是对任何可以想象的经验的准确描述。即使在病理学的人格分裂案例中，双种人格也是交替出现，而绝不会出现双种人格同时活动的情况，且一个典型的特征是，双两种人格对彼此的情况一无所知。

我们的梦像是一出自导自演的木偶戏，我们手握许多木偶的提线，控制着它们的一言一行，而我们却不自知。它们中间只有一个是我这个做梦人。我直接以这个角色行动、说话，同时我可能焦急期待着另一个人的回复，不管他是否能够满足我的急切要求。我让它们按照我的意愿说话办事，可是自己对此并不知道，实际上也不能说完全不知，因为在这种梦境中，可以肯定地说"另一个"大多是现实中对我们构成严重阻碍的化身，是实际上我无法控制的人。这里描述的奇怪现象，显然解释了为什么老人大多坚信，他们能和梦中看见的人交流，无论是活人还是已故的人，是神还是英雄，这是一个难以消除的迷信。公元前 6 世纪初，爱菲斯的赫拉克利特（Heraclitus）明确地反对这种迷信，这是在他留下的，有时十分晦涩的著作片段中少有的清晰论证。而公元前 1 世纪的留克利希阿斯（Lucretius）虽然自认为是开明思想的倡导者，却仍坚持这个迷信观点。在今天，这种迷信思想可能已经很少见，可是我仍怀疑它是否已彻底消失。

下面请允许我转向一个不同的话题。我完全想象不出我头脑中的意识（我认为它是唯一的），是怎样由形成我身体的所有（或部分）细胞的意识联合而成的，或者说，在生命中的每一刻，这些细胞的结果是怎样成为我的意识的。我们也许会考虑，既然每个人都是这样的一个细胞集合体，假若确实可以这样的话，那么人将会是意识展示多样性的绝妙场所。可是，人们已经不再使用"细胞集合体"或"细胞国"做比喻了，请看谢林顿的观点：

> "将构成我们身体的每一个细胞都认为是自成中心的生命个体，不仅仅只是一句空洞的话语而已，也并非仅为了描述方便。组成身体的细胞，不仅可以被清楚地区分，同时也是以自己为中心的个体生命。它按照自己的方式存活……每个细胞都是一个生命单元，而我们的生命也是单一的整体，是由这些细胞生命组成的统一体。"[1]

对这一点，还可以做更详细、更具体的探讨。对大脑的病理和生理学对感觉的研究都明确表明，感觉中枢可划分为各自独立的几块区域。这种独立性令我们惊讶，因为这促使我们期望发现这些独立区域与意识领域的关联。可事实上，这种关联并不存在。下面是一个十分典型的例子：如果你先像平常一样用双眼看远处的景物，然后闭上左眼只用右眼看，接着闭上右眼只用左眼看，你会发现三种情况下并没有什么明显的差别。这说明，在三种情况下，意识的

---

1 《人的本性》第一版（1940年），第73页。

视觉空间并无区别，原因很可能是刺激从视网膜上相应位置上的神经末梢，传到了大脑中产生感觉的同一个中心，这就好比我们家大门上的按钮和我妻子卧室的按钮，都能启动位于厨房的电铃。这确实是最简单的解释，可是，这个解释是不正确的。

谢林顿给我们讲述了一个闪烁灯频率阈值的有趣实验，我将为大家对这个实验做尽可能简略的介绍。想象在实验室中安装一座微型灯塔，让灯塔每秒钟闪烁多次，比如 40 次、60 次、80 次或 100 次。随着闪烁频率的增加，当频率达到一定值时，灯将不再是间断地闪烁，这个频率决定于具体的实验条件。此时用肉眼观察，看到的将是连续光[2]。在给定的条件下，我们假设该频率的阈值是每秒 60 次。

再来看看第二个实验，假设实验条件未发生变化。采用一种装置，使得闪光一次传到左眼，下一次传到右眼，如此，则每只眼睛每秒钟只能看见 30 次闪光。倘若这些刺激是传输到同一个生理中心的话，那么实验结果将和第一个实验没有差别。假如我每隔一秒按一下我家大门上的按钮，我妻子也每隔一秒按一下她卧室里的按钮，虽然我们俩是轮流按的按钮，而厨房的电铃却是每秒钟都在响的，就如同我们中的任何一人每秒都按一次按钮，或者我俩同时每秒按一次按钮一样。可是，第二个闪烁实验的结果并非如此。传到右眼的 30 次闪烁，加上传到左眼的 30 次闪烁，并不足以消除闪烁的感觉。要达到消除闪烁的效果，只能是把闪烁的频率提高一倍，也就是说右眼接受 60 次闪烁，左眼也接受 60 次闪烁。下面是谢林顿自己给出

2　电影就是用这种方式获得连续镜头的。

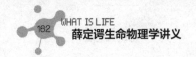

的结论：

> "将两只眼睛的观察结果结合起来的不是大脑内部的空间连接……左右眼观察到的影像更像是两个观察者分别观察到，而两个观察者的意识合二为一。仿佛右眼和左眼的知觉是分别单独加工接受的信息，然后在心理上结合为一体。……就好像每只眼睛都有单独的独立感觉中枢，而且以每个感觉中枢为基础的心理过程都能形成完整的知觉，在生理上仿佛有独立的视觉次级大脑，于是就有两个这样的次级大脑，一个负责左眼，另一个负责右眼。似乎是由于同时作用，而不是结构上相互联系，使得二者在意识上互相协调[3]。"

下面是综合性的考虑，我只从中选取最有特点的段落：

> "那么以各种关键模式相联系的，看似独立的次级大脑是否存在呢？在大脑皮层，我们可以很容易清楚看见'五种'熟悉的感官，每种感觉系统都被划归在不同的区域中，而不是彼此不可分割地杂糅在一起，而后由更高级的机制来管理。意识究竟是不是一组准独立的感觉单位的组合？它们大体上是按照经验的时间秩序来整合的……涉及'意识'问题时，神经系统并不是由一个中央控制中枢来整合所有信息的，而是作用于上百万个小单元，其中每个单元都是一个细胞……

3　《人的本性》第一版（1940 年），第 273—275 页。

由更小生命单元组成的具体生命虽然是一个整体，而表现出来的却是叠加属性，同时也显示出自身是由许多微小生命单元共同协作的产物……但当我们转而看意识时，它却不具备上述属性，一个单独的神经细胞绝不是微型大脑，身体的细胞结构无须任何来自意识的指令……单独的一个占据主导地位的神经元，无法比大脑皮层更能保证意识反应获得更为统一的非合成性质。物质和能量在结构上都是由微粒构成的，生命也是如此，而意识却不同。"

上面引述的是给我印象最为深刻的段落。从中我们看出谢林顿以他对生物体结构的出色认识，努力去解决这种诡论。他很坦率，并有十足的真诚，没有试图躲避或是搪塞这个问题（其他很多人都会这样做，并且已经这样做了），而是毫不忌讳地将它公之于众。他很清楚，唯有如此，才能推动科学或哲学的问题向解决方向靠近；用"动听"的语言试图掩饰它，结果只会阻碍进步，使这一问题长久得不到解决（虽然不会永远得不到解决，但需要等到有人识破这个骗局）。

谢林顿所说的诡论也是算术诡论，一个关于数字的诡论。它和我本章开头提到的诡论有很大的关联，但二者并不是一回事。简单来说，本章开头提到的算术诡论指的是许多意识的经验合成一个世界，而谢林顿的诡论指的是，单一的意识似乎以许多细胞生命为基础，或者说，以很多次级大脑为基础，其中每个次级大脑看似都有很高的地位，以至于我们不得不将它和一个次级意识单位相联系。可是，

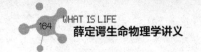

我们知道次级意识和多重意识一样非常荒谬，既没有任何实际的经验可以证实，也无法通过任何方式加以想象。

我认为，通过将东方的同一学说融入西方的科学结构的办法，可以解决这两种诡论（我不妄图此时此刻就将它们解决）。意识本质上是一体多相，或者应该说，各种意识的总和就是"一"。我敢大胆地断定它永不熄灭，因为它有一个特殊的时间表，那就是，意识永远只处于"现在"。对意识而言没有过去和将来，只有包括记忆和期望在内的现在。我承认我无法用语言清楚地表达这一点，我也承认，倘若有人认为我现在谈论的是宗教而不是科学，我谈的也是一门不违反科学的宗教，相反，它得到客观公正的科学成果的支持。

谢林顿说："人类的意识是这个星球的新近产物。"[4]

对此我表示赞成，但如果去掉"人类的"这几个字眼，那我就不能苟同了。这一点我们早在第一章就讨论过。如果认为通过沉思的意识本身就能反应世界的变化，这种想法显得太过荒唐。要知道，世界总是处在不断的变化之中，在特定的时空总是表现出不同的面貌，并且和一种特殊的生物学装置有关。而这种装置又是某些生物生存的必需装备，在这种生物出现之前，只有很少一些生命形式（如果以物种计算的话）开始拥有它（大脑），而很大一部分生物完全不需要这种装置。那么，在此之前，这个世界的一切都是一场无人观看的表演吗？进一步说，难道这样一个没有思考这些问题的世界可以称之为世界吗？当一位考古学家在脑中重建一个远古城市或文化

4　《人的本性》第一版（1940 年），第 218 页。

时，他所关心的是那个时代，当地人的生活、行为、感情、意识、思想、喜怒哀乐。可是对于一个存在了上百万年，却不为人所意识、思考过的世界，难道不是相当于什么都没有吗？它真的一直存在吗？我们不要忘了，我们常说的："世界的发展样式可以反映在有意识的心灵中。"这种说法不过是我们早就熟知了的一种陈词、一种比喻、一种言论。对我们而言，世界只出现一次，没有任何东西被反映出来，原物和镜像都是同一个物体。时空中延伸的世界只是我们心灵的反应，正如贝克莱（Berkeley）说的那样："经验无法带给我们任何一点关于世界的真实面貌的线索。"

这个已经存在了几百万年的奇迹世界，偶然中创造了可以观察自身的大脑，然而这和我接下来要表达的似乎是个悲剧性的连续，我觉得还是用谢林顿的话来叙述：

"我们被告知能量世界正在走向消亡，它注定要走向最终的平衡态。在这种平衡态下任何生命都无法生存。然而生命的演化没有中断，我们的星球使得生命在其中不停演化，并且仍将促进这种演化。意识也在随着生命的演化不断发展，假如意识不是一个能量系统，那么世界衰退会对它产生怎样的影响呢？意识能否安然度过这场劫难？就目前我们的了解，有限的意识附属于运动的能量系统，当能量系统停止运动时，随它运动的意识会发生什么呢？还有无论过去还是现在我们一直精心营造的意识的世界，那时会让意识消失吗？"

　　这样的观点令人感觉不安。让我们困惑的是，有意识的心灵扮演了一个奇特的双面角色：一方面，它是世界进程中的唯一舞台，或者说是包容一切的容器，容器之外什么东西都不存在；另一方面，我们或许会得到如下并非可靠的印象，有意识的心灵是和这个纷乱世界中的某种器官（大脑）相联系的，虽然这种器官是动物和植物生理学上最精巧的装置，然而却不是唯独仅有的，因为它和其他器官一样，所起的作用毕竟只是维持它的拥有者的生命。也要多亏这一点，大脑才能在自然选择的过程中被发展出来。

　　有些时候，画家或是诗人会将自己融入自己的作品中，且往往扮演的是谦逊的配角。我大胆臆断，《奥赛德》的作者自比吟游诗人，在费阿克斯人的大厅中吟唱"特洛伊战争"，将受到重创的英雄们感动得泪流满面；同样，在《尼布龙之歌》中，在穿越奥地利国土时遇到的那位诗人，也很可能是史诗作者的化身；杜勒的《万圣图》中，高高在上的基督、上帝和圣灵（三者合一）位于两圈信徒之中，第一圈是天国中的人；第二圈是人间的人。如果我没搞错的话，第二圈中除了有教皇、国王外，还有艺术家本人，一个不引人注意的、谦虚的侧身像。

　　我觉得，这可作为意识的令人困惑的双重身份的精巧比喻。意识一方面是创造整个作品的艺术家；另一方面又扮演了自己作品中无足轻重的角色，即使被删除，对艺术品本身而言也无伤大雅。

　　如果不用比喻进行描述，我们将遇见前面所说的几种矛盾中的一种，这是由下述事实引起的：如果我们的意识，不被从它所创造的世界概念中剔除，我们就无法很好地理解世界；可是一旦将意识

抽出，那么在世界的图像中就没有任何意识的存在空间，假若试图将意识硬塞进世界中，然而又确实会产生某些荒唐的结果。

前面我曾发过评述，源于相同的原因，物质世界的图像模式是无声且不可触摸的，缺乏认知主体的所有感觉属性；依据同样的模式和原因，科学世界也同样缺乏，或者是被剥夺了一些重要的事物，即一切与意识的思考、感觉和知觉产生关联才有意义的事物。首当其冲的是伦理学和美学的价值，任何在此范围或与此有关的价值。所有这一切不仅在物质世界的图像中不存在，并且从纯科学的角度来看，也不能作为整体的一部分塞进科学世界。如果这一切被强加进去，结果就会像孩子在没有着色的图画本上涂鸦一般，不合适。因为被假如世界模型的东西，不管愿意与否，必须具备有对事实做出科学判断的形式，这样，就都不对了。

生命本身是宝贵的，"尊重生命"是史葳哲（Albert Schweitzer）的基本道德戒律之一。然而，自然对待生命却一点儿尊重都没有，似乎生命是世上最廉价的东西一般。生命被数以万计地产生，可是大部分都会被迅速消灭，或成为其他生命的猎物。这就是自然界不断产生新生命形式的机制，自然界的生物终其一生都处在不断的竞争中，竞争的基础是互相折磨。"不应折磨他人，使他人遭受痛苦"这一戒律在自然中完全被无视。

"没有哪种事物是天生就善，或天生就恶的，使事物分出善恶的是思维"，任何自然事物本身都没有善恶、美丑之分。价值正在消失，尤其是目的和意义正在消失，大自然不是根据目的行事的。假若我们在德文中说，某种生物在有意识地适应环境，我们也知道这只是

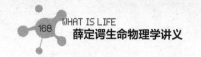
为了叙述的方便。如果我们仅停留在字面意思来理解，那就错了。错误的根源在我们构建的客观世界的框架，那里只有因果。

最令人痛苦的是，我们对整个世界这幕剧的意义和范围的科学研究的毫无成果，我们观察得越认真，它就显得越没有目的性，越愚蠢。而那些正在进行的表演显然只有在思考它的意识产生关联时才有意义。可是科学所能告诉我们的，显然是荒谬的：仿佛意识是它观看的那场演出的产物，而且当太阳最终冷却，地球成为冰雪荒漠时，意识将随着演出的落幕而消失。

请允许我在这里简单提一下已经千疮百孔的科学无神论，科学不得不因此受到反复指责，可是这样的指责并不公平。事实上，任何人格上的神都不能成为世界模型的一部分，这个模型之所以被接受，其代价就是排除了一切有人格的东西。我们知道，当我们感觉到神的存在时，这和我们的直接感觉或我们的性格一样真实。因此和感觉、性格一样，神也并不存在于我们的时空图像中。诚实的自然主义者会告诉你，你在时空的任何地方都找不到神。他会因此受到责难，因为《圣经》中说："神就是心灵。"

第五章

科学与宗教

科学能给宗教提供任何信息吗？科学研究是否有助于人们对宗教这个困扰着他们、引起广泛争论的问题的认识，使人们对它持合适的态度呢？有些人，特别是健康、幸福的青年，往往能对宗教问题熟视无睹；有些年纪大的人则破罐子破摔，认为反正找不到答案，也就不去白费力气了；而有些人则因为思维的限制对此终生困惑不已，并受到从古至今迷信中的恐惧困扰，主要是"另一个世界""死后的生命"等方面，以及一切与此相关的问题。我并不打算回答这些问题，我只谈谈一个简单的方面，那就是科学能否给宗教提供任何信息，或者说科学能够帮助我们思考这个我们中多数人难免要思考的问题吗？

首先，用一种我们并不需要花很多力气的原始方法。我曾看过一些古代的印刷品，那是包含了地狱、人间和天堂在内的世界地图，地狱在人间之下，天堂则高高在人间之上，这些地图远不仅只是一种比喻（后世杜勒的《万圣图》则很可能是比喻），它代表的是当时的一种原始信仰。今天，没有任何宗教会以这种唯物主义解释教义，也会尽可能阻止它们的信徒中的这种观点倾向。这一点显然是科学带来的改变，科学使我们了解了地球的内部（虽然所知道的依旧不多）、火山的结构、大气的构成、太阳系的历史、银河系及宇宙的组成。但凡接受过现代科学教育的人，都不会期望在科学能够研究的领域，会出现那些由人们臆想出来的事物。我敢肯定，就算是那些科学暂时无法研究的空间及其外延领域，也不会出现。受过科学教育的人即使相信这些东西都是真的，也只会给它们精神上的地位。我的意思并不是说科学的发现可以给宗教徒带来某些启迪，而是这些发现

有助于消除在这些事的唯物迷信。

　　这些都指的是心灵的原始状态，然而，有些东西更值得我们关注。科学关于"我们到底是什么样的存在？或者说我们从哪儿来，又要到哪儿去？"这些令人困惑的问题能够给我们明确的帮助，至少能让我们不再心神不定。我认为，这其中最关键的就是时间被逐渐观念化。谈到这一点时，有 3 个名字是我们不得不提的，他们是柏拉图、康德和爱因斯坦。有时也会涉及一些其他的人，包括非科学家，比如波希的圣·奥古斯丁（St. Augustine）和波依提斯（Boethius）都曾有过这样的结论。

　　柏拉图和康德都不是科学家，但是他们对哲学问题的着迷，和对世界的浓厚兴趣，都源自科学。就柏拉图而言，是源自数学和几何（今天将几何与数学放在同等位置是不恰当的，而那时候却应该如此）。是什么让柏拉图的毕生事业获得如此超凡的声望，即使在 2 000 多年后的今天，依然光芒耀眼？就我们所知道的，他对数学或是几何，并没有特别的发现；他对物质世界或是生命的看法有时也显得过于荒诞，总的来说，并不及他的前辈们（从泰勒斯到德谟克里特等先哲），这些人中有些还要比他早一个多世纪。在对自然界的认知上，他也不及他的学生亚里士多德和西奥弗拉斯塔（Theophrastus）。除了他的狂热崇拜者外，其他人都认为他长篇大论的谈话只是在语言上做无由头的诡辩，却似乎并不愿意给任何词明确的定义。在他看来，只要这个词能够在足够长时间内被反复提及，这个词的含义就会不言自明。他曾试图将自己关于社会和政治的乌托邦付诸实施，可是遭遇了失败，且陷入了十分危险的境地。即便在今天也少有人推崇他的乌托邦思想，而这为数不多的几个人也遭遇了沉痛的失败。那么，究竟是什么使得他获得了如此高的声誉呢？

我认为，原因就在：他是第一个设想"永恒存在"这个概念，并将其作为现实反复强调的人。他以理性为依据，强调永恒存在要远比我们的实际经验来得真实，我们的实际经验不过是永恒存在的影子，以前经验都来源于永恒存在的观念世界。我所说的就是形式（或观念）的理论。那么这个永恒的观念是如何产生的呢？毫无疑问，这是柏拉图受到了巴门尼德（Parmenides）和爱利亚学派思想的启发。可以明显地看出，柏拉图秉承了这个思想，并使其更具影响力。恰如他自己曾经做过的比喻："通过推理的学习，是获得生来就有的潜在的知识，而非发现全新的真理。"可是巴门尼德那永恒的、随处可见的、始终如一的"一"，在柏拉图心中已演变成了更加强劲有力的概念——理念论。理解这个概念需要非凡的想象力，可是它仍是个神秘的谜题。不过，这个理论形成于非常真实的经验，与之前的毕达哥拉斯学派和之后的许多人一样，柏拉图对数字和几何图形怀揣着崇敬和敬畏之情，才诞生了这个理论。他将这些纯逻辑推理出的新性质融入自己的思想，才使得人们能够认清事物间的真正关系。它的真实性毋庸置疑，而且永恒不变，不论我们对其探究与否。数学的原理不因时间的推移而变化，也并非因人类的发现才存在。可是数学原理的发现确实是重大的事件，它给我们带来的兴奋之情就如同收到了仙女的馈赠一般。

举些例子，如图1，三角形 ABC 的三条高在 O 点相交（三角形的高，指的是一个角到它的对边或对边延长线的垂线）。乍看之下，并看不出三条直线一定会交于一点，通常情况下，任意三条直线相交，形成的是一个三角形，而不是交于一点。现在，我们过每个角的顶点，画一条对边的平行线，三条线相交形成一个大三角形 $A'B'C'$，如图 2 所示，组成它的四个三角形完全相等。ABC 的三条高，是大三角形 $A'B'C'$ 三条边的中垂线，即对称线。因此，在过 C 点的中垂线上，任意一点到 A' 和 B' 的距离相等；同样，过 B 点的中垂线上，任意一点到 A' 和 C' 的距离相等。因此，两条中垂线的交点，到 A'、B'、C' 三点的距离相等，因此这个交点也一定位于通过 A 点的中垂线上，因为这条中垂线囊括了所有到点 B' 和点 C' 距离相等的点。由此，命题得证。

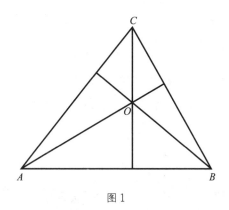

图 1

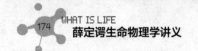

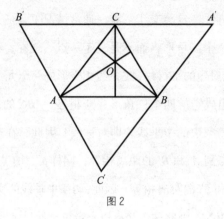

图 2

除了 1 和 2 外，每个整数都位于两个质数的正中，或者说是两个质数的算术平均值。譬如：

8=1/2（5+11）=1/2（3+13），

17=1/2（3+31）=1/2（5+29）=1/2（11+23），

20=1/2（11+29）=1/2（3+37）

很明显可以看出，这样的答案通常不止一个。这个命题被称为哥德巴赫（Goldbach）猜想，虽然目前还未证明，但都认为这是正确的。

从 1 开始把连续的奇数相加，总可以得到一个平方数。例如：1+3=4，1+3+5=9，1+3+5+7=16。事实上，按这种方式继续加下去，得到的总是加数个数的平方。为证明这个关系的普遍性，我们把与中位数等距离的每组加数（第一个和最后一个一组，第二个和倒数第二个一组）之和，换成它们的算术平均数之和，显然算术平均数等于加数的个数，于是，上面的最后一个等式可变为：

4+4+4+4=4×4

现在，我们来谈谈康德。想必大家都知道，他认为时间和空间是一切经验的基础，如果这不是他的学说的最基本部分，也肯定是其中之一。恰如他的大多数观点一样，这个观点既无法被证实，也不能被证伪，但这丝毫不影响人们对它的兴趣（它反倒激发了人们的兴趣，要是能够被证实真伪，反而无足轻重了）。在康德看来，空间的广延和时间顺序的"先和后"，并不是我们感知到的世界的特性，而是与人的感性意识相关。我们的知觉只是不自觉地将时间和空间作为一切经验的坐标，把遇到的所有事件记录在案。这并不意味着意识可以独立于经验，建立这样的秩序，它只是在事件发生的时候，无意识地建立了这样的秩序，并将其应用在经验之中。需要指出的是，这个事实并不能证实或表明，同样也不像某些人认为的那样：时间、空间是包含在产生经验的"物自体"中的一个内在秩序。

要找出理由认为上述的陈述是胡言乱语并不难。没有任何人能区别哪个是知觉，哪个是引起知觉的事物本身，因为无论他对事物的情况掌握了多么详细的知识，事物只出现一次，而没有两次。重复出现只不过是一种比喻，只出现在和他人交流甚至是同动物交流中，这说明，在相同情况下，他人的感知或是动物的感知似乎与我们自己非常相似，除了在关注点——字面意义为"思维投射点"——上有细微差别。但是，即使这种体验迫使我们不得不认为，一个客观存在的世界是我们意识的来源，这也是大多数人都持有的观点。可是，我们如何能断定，所有经验中的共同特征，是由我们的意识结构决定的，而不是源于所有客观存在事物的共同性质呢？大家都接受的观点是，我们对事物的独特认知源于我们的感官知觉。无论这个客观世界显得多么自然，它都只是一个假设而已。可是，如果我们接受这个客观世界，那么，到目前为止我们从中感受到的一切都要归因于外部世界而不是我们本身，这难道不是最不自然的事吗？

不过，康德理论的最重要之处，并不在于确定"意识形成对世界的概念"这个过程中，心灵和客观世界各自扮演的角色。康德理论的精华之处在于形成了下述观点：心灵或世界，很可能以一种不包含时间和空间，且我们无法理解掌握的形式表现出来。这意味着，我们已经从根植已久的偏见中获得了解脱。除了时间和空间，事物还有其他形式，这一点是叔本华最先从康德的著作中看出来的。毫无疑问这是一种思想上的解放，它为宗教信仰敞开了一扇大门，避免了科学和思想直接的抵触。举一个最重要的例子：就像我们的经验已经让我们明白无误地肯定，经验会随着身体的毁灭而消失，因为我们知道，经验和身体的生命是紧密相连的。可是，生命结束之后，是不是就什么都不存在了呢？并非如此，如我们所知，对于必须发生在时间、空间中的经验而言，它是消失了。可是在时间、空间无关的形式中，这种"之后"的概念无任何意义。诚然，单纯的思维并不能证明这种形式确实存在，而它却能消除逻辑上的障碍，得出存在这种形式的可能性。这就是康德通过分析得出的结论，在我看来，这也是他的哲学的重要性所在。

接着上面的内容，我们来谈谈爱因斯坦。

康德对科学的态度非常天真，这虽然让人难以置信，可是从他的《科学的形而上学基础》中就可窥见一二。他从当时（1724—1804年）物理学已经达到的高度，认为物理学多少是一门已经见顶了的学科，于是便急于从哲学角度对物理学的成果加以阐述。在一位罕见的天才身上发生了这样的情况，不能不令人扼腕叹息，这必须让往后的哲学家们引以为鉴。他本该清楚地说明，空间必然是无限的，而且必须坚信，空间被赋予欧几里得的几何特性必须归功于意识的特性。在这种欧几里得空间中，拥有可塑性的物质在不断变动，也就是说，可变化的物质在时间进程中不断改变着它的形态。康德和同时代的物理学家持有一样的看法，即空间和时间是两个不同的概念，因此他果断地将空间称为外在直觉的形式，而把时间称为内在直觉的形式。可是欧几里得的无限空间不是我们观察经验世界的必由之路，最好的方式是将时间和空间视为四维的统一体。这种观点看似否定了康德理论的基础，然而事实上，对康德哲学中的有价值部分并无损害。

这种观点的提出人就是爱因斯坦 [还有其他几个人，如劳伦兹（ H. A. Lorentz ）、庞加莱（ Poincare ）、闵科夫斯基（ Minkowski ）]。他们的发现对哲学家、平民以及客厅中的贵妇产生的巨大的影响在于让这些人知道了这样一个事实：甚至在经验范围内，时间和空间的关系要远比康德想象的复杂。康德关于这方面的认识和以前所有的哲学家、平民和客厅中的贵妇并无二致。

新的观念强烈震动了旧的时空观，时间并不是"先与后"的概念，这种新看法源于下面两点：

（1）"先和后"这个概念存在于因果关系之中，我们知道，或者说我们已经形成了这样的观念：事件 A 引起了事件 B，或至少发生了改变，那么，如果没有事件 A，事件 B 也就不存在，或者不会以这种改变了的形式存在。比如，一个炸弹发生爆炸时，炸死了它上方的人，除此以外，离它不远的人会听到爆破声。炸死人和炸弹爆炸可能是同时发生，可是远处听见爆炸声一定是在炸弹爆炸之后，这些结果自然不会比爆炸发生得早，这是一个基本的因果概念。生活中，那些事后发生或至少不先发生的问题，都是基于这种因果概念来判断的。理由完全取决于下述概念：结果不可能先于原因发生。如果我们可以确信，B 是由 A 引起的，或者 B 表现为 A 发生过的证据，亦或者能从某种间接关系确定 B 是 A 发生的证据，那么就可以认定 B 不会早于 A。

（2）请记住这一点。实验和观察证明，结果并不会以任意快的速度扩展，它的速度上限恰巧是真空中的光速。对人类来说，光速非常快，每秒钟可绕赤道七圈半。然而，光速再快也是有限的，我们简称为 c，让我们接受这是自然界最基本的现实。然后我要说明的是，前述基于因果的"前与后"或"早与晚"之间的差别并不是绝对适用的，在某些情况下它们会失效。这一点采用数学以外的语言很难解释，并不是因为涉及的数学理论很复杂，而是日常用语中都隐含了时间的架构，比如使用某个动词时，总是过去、现在或将来中的某个时态，因此容易造成先入为主的印象。

我们马上会看见，基于此可以产生一个简单但并非恰当的想法。给定事件 A，考虑此后的事件 B。如图 3 所示：事件 B 位于以事件 A 为中心，半径为 ct 所确定的球之外，由此，事件 B 就不会受到事件 A 的任何影响，自然，事件 B 也无法对事件 A 产生任何影响。因此，我们前面的判断就失效了。在语言上，我们当然可以说事件 B 是后面发生的，可是，既然无论哪种情况，原来判断所依据的准则都已

经不再适用，那我们这样认为是否还是正确的呢？

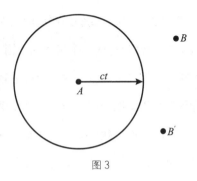

图 3

再让我们假设，在图 3 的球面之外，在较早的时刻有时间 B'，在此种情况下，和前种情况一样，A 也无法对 B' 产生影响，当然，B' 也不能对 A 施加任何影响。

这两种情况中，B 与 B' 存在互不干扰的同等关系，就是说，在它们与 A 的因果关系上，B 类事件和 B' 类事件在概念上并不存在差异。因此，如果我们想排除语言的因素，以这种关系作为"先和后"的判断基础，那么事件 B 和事件 B' 就构成了一类既不比 A 早，也不比 A 晚的事件。我们将这类时间占据的时空领域称为与事件 A 相关的潜在同时性领域。我们这样表述的原因是，总是可以找到一个适当的"时间 – 空间坐标系"，使得某个特定的事件 B 或 B' 与事件 A 同时发生。这就是爱因斯坦在 1905 年发现的所谓狭义相对论。

对于我们物理学家来说，这些发现已经成为了十分具体的真理，日常生活中我们对它的使用就像使用九九乘法表和毕达哥拉斯的直角三角形定律一样稀松平常。有时我很好奇，为什么能在普通人和哲学家中都引起如此之大的轰动。或许是因为，这个发现罢黜了像暴君一样向人们强征暴敛的"时间"，把人们从"先与后"这个过去牢不可破的规则中解放出来。时间的确是我们最严厉的主人，我们每个人的生存都被严格限制在 70—80 年这样一个极小的范围，就如《旧约圣经》前 5 卷中描述的那样。我们严厉的主人的时间表不容许任何更改，即使到了最近，尽管只是小幅度地增加寿命，也会让我们感到慰藉，由此，我们产生了一个新的认识：我们的寿命并非不可改变。这样的看法更像是一种宗教的思想，我甚至可以把它称为宗教的唯一思想。

并不像你们有时听说的那样，康德把时间理念化地深入思考被爱因斯坦认为是荒诞不羁的，相反，爱因斯坦在他的基础上又向前推进了一步。

前面我们已经谈到了柏拉图、康德和爱因斯坦对哲学及宗教的影响，而在康德和爱因斯坦之间，在爱因斯坦前的一代人，也目睹了物理学领域发生的重要事件，这件事本应该和相对论一样在哲学家、平民和贵妇中引起轰动，而事实上却并没有。在我看来，其中的原因在于：这种思想的变化更难理解，所以上述三类人中只有少数人能够掌握，或许顶多能被一两个哲学家掌握。这件事与美国人吉布斯（Willard Gibbs）和奥地利玻尔兹曼（Ludwig Boltzman）联系在一起，现在让我们来看看究竟是怎么一回事。

几乎很少有例外，自然界中的事物总是表现出不可逆性。试着想象一下与我们实际观察到的时序相反的现象，就像电影在倒着播放胶片，虽然我们不难想象这种倒序的情景，可是它和物理法则是水火不容。

　　一切事物的"方向性"过去用的是力学或统计人力学的理论进行解释的，这个解释受到充分的肯定和认可，其被称为物理学最显著的成就。我无法在此详细解释这个物理学理论，事实上，过于详细的叙述对掌握它的要点也并非必要。可是如果只把"不可逆性"归因于原子和分子微观结构的基本特征，是远远不够的。并不比中世纪中"因为火有热的属性，所以火是热的"这种纯字面解释要来得高明。依据玻尔兹曼的看法，任何有序状态都有向无序状态发展的自然趋向，而并不是反过来（从无序变成有序）。以扑克牌为例，先按顺序 7，8，9，10，J，Q，K 和 A 整理红心，再依此顺序整理方块……如果将这副整理好顺序的扑克牌洗牌一次、两次、三次，那么扑克牌的顺序也将逐渐被打乱，这并不是洗牌固有的属性。假定这副牌本是一副已经洗好的没有顺序的乱牌，不难想象，肯定存在某种洗牌方式，可以取消前面洗牌的影响，将这副牌恢复成原有的顺序。可是每个人心中都只有牌被洗乱的期望，没有人会想着无序的牌能被洗成有序——事实上，他可能需要等上很长的时间才能看到这种情况碰巧发生。

　　这就是玻尔兹曼关于自然界中的一切事物单向性解释的核心，也包括有机体从生到死的生命过程。它的优点在于，"时间之箭"（爱丁顿如此称呼）与相互作用的机制无关，在我举的例子中，就是与洗牌这个机械动作无关。在洗牌这个动作中不包含任何过去或是将来的概念，而且动作本身是完全可逆的。而"时间之箭"——关于过去和将来的概念——产生于统计学方面。在例举的洗牌比喻中，重点在于，一副牌只有一种或是少数几种有序的排列，而无序的方

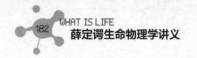

式却是数不胜数。

而这个理论却一再遭到反对，偶尔还有很聪明的人。反对的意见可归结为：它的逻辑基础有谬误，如果说基本机制不区分时间的方向，而且在时间方向上是完全对称的，那么任何一个在方向上出现的行为，在相反方向上也会出现，为何会产生出强烈的倾向于一个方向的整体行为呢？

如果上述观点是正确的，那么它将会给这个理论致命一击，因为它瞄准的，正是该理论的主要优点：从可逆的基本机制中产生不可逆的过程。

上述看法是完全正确的，却不会给玻尔兹曼的理论带来致命冲击。它宣称在一个时间方向上成立的事情，在另一个时间方向上也成立，因为在一开始，时间就被视为完全对称的变量。这是毋庸置疑的，可是也并不能急着就下结论说，在任何情况下，两个方向上都是等价的。必须采用最谨慎的措辞，在某些特定情况下，它在这个方向或那个方向上成立。此外必须补充一点，就我们所知的这个世界来说，"耗散"（用一个偶然使用的词）只发生在一个方向上，因此我们将这个方向称作从过去到将来的方向。换句话来说，必须由统计热力学定律独自决定时间流逝的方向（这对物理学家的工作方式产生重要影响，他必须避免引入任何能够决定时间箭头方向的事项，否则，玻尔兹曼的魅力大厦就将倒塌）。

或许有些人会担心，在不同的物理系统内，时间的统计性定义并不总会产生相同的方向。玻尔兹曼毫不回避这种可能性：他认为，如果宇宙能够延伸到足够远的范围，而且（或者）存在足够久的时间，那么在宇宙的某些地方可能存在时间倒流。这个观点曾引起很大争论，不过现在已经没有争下去的必要了，因为那时候玻尔兹曼并不知道我们所了解的宇宙并不够大，我们所知道的时间也并不够久远，还远不能满足引发大规模时间倒流的条件。最后，请允许我再补充一点而不进行深入解释，即使在很小的空间和很短的时间范围内，也已经观察到了这种时间逆转 [布朗运动中，斯莫卢霍夫斯基（Smoluchowski）的理论]。

我认为，"时间的统计性理论"对哲学的影响超过相对论，后者无论多具有革命性，却并未涉及时间流动的方向性，只是预先假设了这一点。但是，时间的统计性理论，通过事件的先后次序来构建时间的方向性，意味着从旧时间这位暴君的统治解放了出来。我认为，我们脑中构建出来的东西，无法对我们的意识进行专断的统治，因为它既没有推动意识产生的力量，也没有摧毁意识的能力。我敢肯定你们中的某些人会将这些认为是神秘主义。值得庆幸的是，物理学的理论任何时候都是相对的，因为它依赖某些基本假设。所以，我可以宣称，目前的物理学理论已经有力地表明，时间不能摧毁意识。

第六章

感知的奥秘

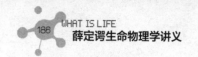

本章是本书的最后一章，我将尽可能详细地论证在阿布德拉的德谟克里特的著名论断中已经提到的非常奇怪的情况：一方面，我们所有关于周围世界的知识，无论这些知识是来自于日常生活，还是来自于精心设计的科学实验，都是以我们的感官获得的感知为基础的；另一方面，我们在科学发现的基础上形成的对外部世界的影像与模型中没有涉及感知的部分，因为，我们获得的这些知识无法解释感知与外部世界的具体联系。我发现，这种论断的前一部分很容易被大家所接受，而第二部分的内涵却常常不能得到人们的理解，只因为大众对科学的崇敬让其认为，我们科学家用"惊人的精确方法"揭示了普通人无法探知的事物的科学本质。

如果你询问一位物理学家，什么是黄光，他会告诉你黄光是波长在 590 纳米附近的电磁波。你若接着问他："'黄'从何而来？"他会说："在我的概念中并没有'黄'这回事，黄光不过是波长在 590 纳米附近的电磁波碰到正常人的视网膜时，让人产生'黄'的感觉。"如果你打破砂锅问到底，他可能会说："颜色不过是不同波长的电磁波碰到正常人的视网膜时，让人产生的不同感知，而且不是所有的电磁波都能在我们的视网膜上产生关于颜色的感知，只有波长在 400 纳米到 800 纳米范围内的电磁波才会如此。"对物理学家而言，人眼不可见的红外线（波长在 800 纳米以上的电磁波）和紫外线（波长在 400 纳米以下的电磁波）与可见光范围内（波长在 400 纳米到 800 纳米之间）的电磁波的本质是一样的。人眼所能感知的可见光的波长范围是如何选定的呢？这是人类对太阳光辐射的一种适应，在可见光波长范围内的太阳辐射最强，在此波长范围外的太

阳辐射相对减弱。此外，人眼感觉到的最亮的颜色——黄色——对应着可见光范围内太阳辐射的极大值。

你可能还会问："是不是只有波长在 590 纳米范围内的电磁波才能让我们的眼睛产生'黄'的色感？"答案是否定的。如果将能产生红色色感的 760 纳米波长的电磁波与能产生绿色色感的 535 纳米波长的电磁波以一定比例混合照射到我们的视网膜上，也能产生黄色的色感，而且它与 590 纳米波长的电磁波产生的黄色色感毫无差别。在两个相邻区域，分别用单一波长黄色光和混合而成的黄色光照射，两者从视觉上观察完全相同，无法区分。从电磁波的波长上能够解释这种现象吗？或者说色感与电磁波的客观物理特性是否存在数值上的关联？事实并非如此。这种混合光与颜色的对应图表已经通过实验绘制出来，我们称其为原色三角形。但是它不止与波长有关系，两种光谱的光混合后的混合光产生的色感与这两种光其中之一相配，并没有普遍的规律。例如，光谱两端的"红色"和"蓝色"混合产生的"紫色"，这是任一单一光谱的光无法产生的。另外，不同的人之间对原色三角形的感觉略有不同，尤其是对那些称为异常三色的人（非色盲）来说更是天差地别。

物理学家对光的客观描述，并不能解释人们对色彩的感觉。如果生理学家对视网膜的生理过程，以及视神经和大脑对此的神经反射过程拥有更丰富的知识，他能为我们解答对于色感的疑惑吗？我认为这也是十分困难的。当你的大脑通过视觉在某个方向或范围里产生黄色色感时，我们可以通过科学手段记录此时是什么神经组织受到刺激以及所受到刺激的程度，或许甚至可以准确地知道是在哪些大脑细胞中产生的反应。但是，即便是这样详细的了解，依旧不能解释我们对色彩的感觉，尤其是在某个方向上对黄色的感觉。同样，我们可以记录大脑产生其他诸如"甜味"等的感觉的详细生理过程，依然无法解释这种感觉是如何产生的。简而言之，我想表达的是，可以确信，任何对神经过程的客观描述都不包含"甜味""黄色"等感觉的特征，就如同我们对电磁波的客观描述那样没有包含诸如这两种感觉的特征。

对于其他感觉，也是管中窥豹，可见一斑。非常有趣的是，将我们刚才讨论过的对光的感觉与对声音的感觉进行对比。声音是通过空气的压缩和膨胀将声波传到我们的耳朵里的，声波的波长——或者说是声波的频率——决定了被我们所听到的声音的音调（注意：在生理学中与音调有关的物理量是频率而非波长，对光也一样，但频率和波长呈反比例关系，因为在真空和空气中的光速差别很小）。显而易见的是，人耳可以听到的声音的频率变化范围与可见光的频率变化范围是有很大不同的，前者为 16 Hz 到 20 000 Hz 或 20 Hz 到 30 000 Hz；而后者的数量级达到了几亿。但是，声音频率的相对变化范围要大得多，达到了约 10 个八度（可见光却只有不到一个八度）。不同的人对这种变化的感觉各不相同，并且随着年龄的变化而变化：随着年龄的升高，可听见的声音的频率上限明显降低。

声音有一个神奇的特性，当几个不同频率的声波相混合时，无法产生一个处于这几个声波之间的单一频率的声音。当这个混合的声波被我们的耳朵听到时，各个频率的音调的声音能够同时被我们的听觉所感知和分辨出来。一些音乐造诣较高的人甚至能分辨出两种相近音调之间的细微差别。发声物发出的声音一般都不是单一频率的声音。不同的音品和其中强度较高的音调（泛音）使声音听上去很有特色，这就是所谓的音色。通过音色，我们可以很容易地识别出小提琴、号角、教堂大钟、钢琴等的声音，甚至只须这些乐器发出一个音。即使是噪音也有其音色，我们可以通过它推断出发生了什么事，甚至是我家的宠物狗都能分辨出我打开某个铁盒时的声音，因为有时我会从里面给它拿一块饼干。不同频率的声波的比率对于音色是相当重要的，我们同比率地改变声波的频率，就如同调节唱片机的播放速度，不管放得太快还是太慢，我们依然能够听出是哪一张唱片。但是声音中的某些特性也与其绝对频率有关系，如果加速播放一张录有人声的唱片，你可以明显地听出其中的元音发生了变化，如"car"中的"a"音就变成了"care"中的"ε"音。一个包含连续频率声波的声音总是刺耳的，例如一个汽笛或是一只嚎叫着的猫的声音，或者是它们两个的合唱（这是个罕见的情况），都是令人讨厌的声音，也许集中一大群汽笛或是一大群嚎叫猫同时发声能改变我的看法。声音的这种情况和我们对光的感觉完全不同，我们能感觉到的所有颜色都是由一系列的连续频率的光所产生的，在一幅画或是自然界中，层次连续的颜色可能会显得异常美艳。

我们对听觉产生的主要过程十分清楚，因为我们对耳朵的生理构造的了解比对视网膜的生理结构的了解要丰富和可靠得多。耳蜗是耳朵的主要结构，它是像某种海螺壳般缠绕的骨管，又如同盘旋的楼梯，随着梯级的不断"攀升"，楼梯也变得越来越窄。在层层梯级处（我们继续用比方），连接着一系列富有弹性的纤毛形成薄膜。薄膜的宽度（或者说各种纤毛的长度）从"底部"到"顶部"逐渐变窄。这些长度不一的纤毛就像是钢琴的琴弦，可以根据不同的频率的声波做机械振动。基底膜的特定区域——并非仅有一根纤毛——可以对某一特定频率的声波做出反应：纤毛较长的区域对较低频率的声波做出反应，而纤毛较短的区域则对较高频率的声波做出反应。在可听见的声音频率范围内，一定频率的声波一定能使对应的纤毛长度区域做出反应，这种反应通过神经脉冲传导入大脑中的某个区域产生听觉。众所周知的是，神经脉冲在所有的神经中都是以同样的机制向前传播，只是神经脉冲的频率有所变化，因为它取决于刺激的强弱程度。这里需要提的是，神经脉冲的频率与声波的频率没有关系。

但是实际情况没有我们想象的那样简单。如果让一个物理学家来为我们制作一个有着人耳般极好辨识度的耳朵，他可能设计出多种相互间结构迥异的耳朵，或许其中有一种与人耳结构相同的设计。如果我们能够精确地知道，耳蜗上每一根纤毛会对何种频率的声波做出反应，是否就能够降低制造耳朵的难度？但是事实并非如此。耳蜗上纤毛的振动受到极大的阻尼，这扩大了能够使其产生共振的声波频率范围。我们的物理学家为了提高耳朵对不同频率声波的识别能力，必然会尽可能地减小纤毛振动的阻尼，这却带来一个糟糕的问题。当声源停止发声后，我们听到的声音还会持续一段时间，直至纤毛的低阻尼共鸣振动最终停止下来。也就是说，减小纤毛阻尼能够提高识别不同频率声波的精度，但是牺牲了对前后声音的及时辨别能力。神奇的是，我们自己的耳朵却能够将这两个方面完美地结合在一起。

我在这里已经讲得很详细了，无论是物理学家还是生理学家，他们的描述中都不包含听觉。所有这类的描述都必然以相同的一句话作为结束：当神经脉冲传到大脑的某一部分，它们将被当作一系列的声音记录下来。当声音传入耳朵里，我们能够通过空气压力的变化追踪鼓膜的振动；我们能看到鼓膜的振动通过三块听小骨传给另一块薄膜，最后传到由上述纤毛所组成的耳蜗内膜的各个部分。我们可以知道振动的纤毛是如何在与之相接触的神经纤维中将振动转换为电的、化学的神经脉冲。我们也可以追随这些脉冲到达大脑皮层，甚至可以知道这些脉冲在大脑皮层中引起的种种现象。但是我们在任何地方都找不到那些"被记录下来的声音"。我们的整个儿科学模型中都没包含它，它只存在于我们所观察的这个耳朵的主人的意识中。

我们可以用类似的方法来讨论触觉、对温度的感觉、味觉和嗅觉，后两种感觉常常被称为化学性感觉（味觉可以用来识别液体，嗅觉则可以用来分辨气体），它们和视觉相比有一些相同的特点：它们只能对无限多种刺激中的有限几种做出反应。例如味觉是对酸、甜、苦、咸、辣或是它们组合而成的味道。与味觉相比，我认为嗅觉的种类更多，尤其是对某些嗅觉比人类敏感得多的动物而言。动物的感觉会因产生物理或是化学刺激的源的客观特性而变化，而且这在不同动物之间有很大的差别。例如蜜蜂可以看到紫外线的"颜色"，它们可以被称为真正的"三色视者"（而不是早期实验结果所说的"二色视者"，因为那时没有人对蜜蜂进行紫外线实验）。慕尼黑的冯·弗里希（Von Frisch）不久前发现了一个有趣的情况，蜜蜂对偏振光特别敏感，这使得蜜蜂可以参照太阳以一种复杂的方式来判定方向。然而人类的视觉甚至无法区分完全偏振光和普通光。人们还发现，

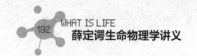

蝙蝠能听到的高频声波（超声波）的上限频率要远远高于我们人类，它们自己也可以发出超声波，并且将其用作"雷达"来避开障碍物。人类对于温度的感觉在极端刺激下会有一个奇怪的特征：如果无意之间碰到一个很冷的物体，我们会在瞬间感觉其很热，甚至还有一种被高温灼烧的感觉。

美国科学家曾在二三十年前发现了一种白色化合物粉末，虽然它的名字我已不记得了，但它的一种奇特性质还令我记忆犹新，有的人尝它的味道是无味，有的人却觉得它"奇苦无比"。这件事情激发了人们的浓厚兴趣，并被深入研究。能否尝出它的苦味是每个人与生俱来的特质，不会因外界的影响而改变，而且这种特性如同人的血型一样，是一种服从孟德尔法则的显性遗传特性。你是否能尝出这种物质的味道也不意味着是一种优点或是缺点。拥有这种性质的物质绝对不仅仅只有这种白色粉末，这可能证实了"人的味觉是因人而异的"这一观点。

现在我们再来谈谈有关光的情况，较为深入地了解一下光是如何产生的，以及物理学家是如何描述光的。

我想大家应该都知道了光是由电子产生的，尤其是由那些在原子核类有着固定轨道的电子。电子和质子（氢原子的原子核）非红非蓝也并非其他颜色。但是物理学家发现，由一个电子和质子结合成的氢原子会不断地向外辐射出一系列不连续波长的电磁波。将这种辐射通过分光镜或是光栅分解时，能让观察者产生红光、绿光、蓝光和紫光的色感，这也说明氢原子核不会是红色、绿色或是蓝色的。从对视觉的生理过程的了解可以知道，在这个过程中，观察者的视觉神经系统

只是受到刺激，而并没有产生出颜色来。那位观察者的神经细胞始终都是白色或灰色，与其是否受到刺激或是产生色感毫不相干。

我们现在所拥有的关于氢原子辐射的科学知识，来自于对氢原子光谱的分析。对氢原子光谱中有色部分的观察，是我们获得相关知识的最初途径。根据前面关于知觉的叙述，我们要想得到客观全面的知识，就必须排除我们的主观感受，在本例中就是色感。我们并不能通过颜色来判断光的波长，例如前文已告诉我们，黄色光纤可能不是"单色的"，而可能是由许多不同波长的光混合而成。无论是由何种光源发出的光，分光镜的构造都能使其将混合光按照其成分光的波长对应到光谱中的特定位置。即便如此，我们对于颜色的感觉并不能为诸如波长等与颜色无关的物理性质的推断提供任何直接的线索，这并不能让我们的物理学家感到满足。理论上，长波刺激可能引起蓝色的感觉，短波刺激也可能引起红色的感觉，然而实际情况正好相反。想要全面探索任一光源的特性，就必须使用一种特殊的分光镜，即衍射光栅。不同材料的三棱镜对不同波长的光的折射角度不同，而我们常常无法事先知道这些角度。你甚至无法只依据三棱镜提供的信息推断出波长越短的光波通过三棱镜后偏移越大。

在工作原理上，光栅要比三棱镜简单得多。依据光的"波粒二相性"基本假设：光是一种波动现象，如果事先知道光栅刻线的密度（一般在300—1 500条每毫米），就可以算出特定波长的光的偏向角。同样，我们也可以利用偏向角和光栅常数（相邻光纤刻线之间的距离）计算出光波波长。在某些情况下，会出现偏振的光谱，在塞曼效应和斯塔克效应下尤为突出。然而人类的视觉是无法区分偏振光、部分偏振光和非偏振光的。为了研究这方面的物理性质，我们可以将一个偏振镜（也被称为尼科尔棱镜）置于光的通路上，然后以光路中轴线为转轴缓缓转动，直到某些光谱线消失或变为最小，此时我们就可以结合偏振镜的起偏方向判断出光的偏振方向。这个方法不仅仅只用于可见光范围，随着技术的进步，还能够拓展到非可见光范围。发光气体的光谱线不仅仅限于可见光范围，在理论上，光谱线可以有无数条，并且波长满足特定简单数学关系的谱线形成若干"线系"，某些线系的部分谱线也会落到可见光范围内。这个数学规律最初是通过实验发现的，但是现在也可以通过理论推导来加以证明。在试验中，超出可见光范围的谱线可以利用照相底片来进行观测。我们还可以通过如下方法计算出光波波长：通过测定谱线在照相机底片上的位置，结合仪器的尺寸参数即可推算出偏向角，再结合光栅常数进而计算出光波波长。

通过对以上科学事实的描述，我想强调的是以下具有普适重要意义的两点，它们适用于几乎所有的物理测量。

第一点是：关于科学测量，人们常常认为只有不断提高测量技术，日益精密的测量仪器才能逐渐取代观测者。然而事实上，观测者从一开始就被取代了。前文中我曾力图说明，观测者对被观测物体的色彩的感知并不能为探究其物理特性提供任何直接的线索。在使用光栅和某些测量长度的仪器后，才使得我们对称之为光的物质的组成和物理特性有了一个较为粗浅的认识。使用适当的仪器进行观测是十分重要的，尽管后来仪器变得越来越精密，但其扮演的角色依然没有改变。从认识论的角度来说，不论观测仪器有了多么重大的

改进，它的职能依然不变。

第二点是：观测者从来也不会被仪器完全取代，如果观测活动完全没有观测者的参与，也不可能获取任何知识。科学测量需要制造相关的仪器，并且在制作过程中或完成后需仔细测量仪器尺寸和标度，在测量前还必须校正活动部件的精度（例如圆形角度仪上围绕锥形针滑动的支撑臂），而且在进行某些科学测量时，科学家往往还需要仪器生产厂商的帮助。不管我们所使用的仪器如何精巧和智能，所有得到的观测结果最后都需要活生生的人来感知。最后，观测者在操作仪器进行观测时，他需要将观测结果记录为观测数据，比如在显微镜下或是照相机底片上直接测量得到的谱线的角度和距离。很多设计精巧的仪器可以极大地减轻科学家的工作难度，例如光度测量技术可以等比例放大照相机底片上的图像，使得从图像上找出谱线的位置变得容易。但是，最后依然需要有人去观察这些图像。在这个环节中，观测者的感官参与了进来，否则再详细的测量也不能向我们揭示任何事情。

我们又回到了前文提及的阿布德拉的德谟克里特的著名论断中非常奇怪的情况。虽然我们的感官无法向我们提供关于被观测对象的客观物理性质（或者是我们通常认为的性质）的任何直接经验，而且感官知觉从一开始就不能成为信息来源，但是我们最后获得的需要用来建立被测对象的理论模型的各种信息，最终都来自于我们的感官知觉。当然，这些理论模型中没有包含感官知觉的成分，但是它是建立理论模型的基础。在利用这些理论模型时，我们往往忽略了感官知觉，唯一的例外是光波概念的提出是建立在实验的基础

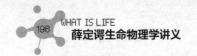

上，而非某位科学怪人的灵光一闪。

令我非常惊讶的是，德谟克里特居然在公元前 5 世纪就清楚地了解了这些情况，然而当时的测量仪器还远远不能跟我在文中提到的测量仪器（虽然这些现在只能算是最简单的仪器）相提并论。

盖利纳斯（Galenus）为我们保存了德谟克里特著作的片段（《夜书》第 125 片段）。德谟克里特在其中提及了理性和感性究竟哪一个是"真实"的争论。理性认为："从表面上看，颜色、甜、苦等现象都是存在的，但是实际上只有原子和虚空才是真实存在的事物。"感性对此反驳道："可怜的理性，你从我这里借用了证据，你还想战胜我们吗？你的胜利也是你的失败。"

我在本章力求用最简单的物理学案例来表现两件普遍的事实：（1）所有科学知识都来源于感官感知；（2）我们得到科学理论却不包含感官感知的成分，而且也不能解释相关的感知。

最后让我来总结一下。

科学理论可以协助我们对观测和实验的结果进行检验。科学家都有这样的感受，在一些描述简单客观事实的理论提出之前，很难将一个较为广泛的事实描述清楚。这就是为什么写原创论文或是教科书的人，需要一个相当通贯理论术语来描述他们的发现或是叙述某项事实。这个方式能让我们有效且有条理地记住各种科学事实，但这也会让人忽略了实际观察的结果以及因此造成的理论间的差异。由于科学观测总是需要感官感知的参与，所以很容易让人认为，由此提炼的科学理论能够说明这些相关的感官感觉，但事实上的科学理论从未做到这一点。

自传

AUTOBIOGRAPHICAL SKETCHES

在我此生中，我和我的好友，也是唯一的至交——弗兰策尔，大部分时间都相隔甚远（这也是为什么我被人们指责对待友情不够真诚的原因）。弗兰策尔的专业是生物（准确说是植物学），我的专业则是物理学。许多夜晚我们在格鲁克街和斯克卢斯街间来回漫步，探讨着哲学问题。当时的我们并不知道，那些我们自以为独特的见解，千百年来一直萦绕在一些伟大的思想家的脑海中。教师们难道不总是避免类似的话题，以免可能引起与一些宗教教义的冲突，而引发令人不安的质疑吗？这就是我转而反对宗教的主要原因，虽然我从未因宗教而受到任何伤害。

我无法确定和弗兰策尔的那次重聚是在"一战"刚结束，或是在苏伊士的那段时间（1921—1927年），或是更晚些时候的柏林（1927—1933年）。那次我和弗兰策尔在维也纳郊区的一家咖啡馆彻夜长谈，直到凌晨时分我们依然谈兴甚浓。他似乎变了很多，可能是由于我们之间少有通信，且信中也没有什么实质内容。

在此以前我或许提过，我们曾一起阅读理查德·塞蒙的著作。在那之前和从那以后，我都没有和别人一起读一本严肃著作的经历。

不久，因为生物学家的反对，理查德·塞蒙的著作就不再出版了，因为他的观点被认为是以"后天习得性状可遗传"为基础的，因而也在不久之后便被人们遗忘了。几年后，我在罗素的《人类的知识》一书中再次看见他的名字。罗素致力于研究理查德·塞蒙的理论，并强调了其记忆理论的重要性。

那次相逢之后我们就很久没再见面。直到 1956 年，我们才在我的维也纳巴斯德街 4 号的公寓，有过一次短暂的会面，因为当时还有别人在场，所以那次 15 分钟的会面实在不值得一提。弗兰策尔住在奥地利北边那个国家，虽然似乎并未受到当局政府的阻挠，但要离开那个国家也非常困难。两年后，他就离开了这个世界，从此我们再不能相聚了。

现在他亲爱的弟弟西尔维奥的孩子，也就是他可爱的侄儿和侄女，仍是我的朋友。西尔维奥是家中的幼子，在克连斯当医生。1956 年我重新回到维也纳时，曾去看望过弗兰策尔，想必那时候他已经重病在身了，因为那以后不久，他就与世长辞。弗兰策尔还有个哥哥，E 先生，现在仍然健在，是克拉根福一位受人爱戴的医生。有一次，他领我爬上多洛米特山的安塞，并热情地陪着我安全下山。不过也许是我们的世界观不同，那以后我们便再也没联系。

1960 年，在我正式就读维也纳大学（唯一一所我正式就读的大学）前，伟大的玻尔兹曼在杜伊诺悲剧地结束了他的一生。时至今日，我仍记得弗里茨·哈泽内尔对玻尔兹曼业绩的清晰而热情的描述。弗里茨·哈泽内尔是研究玻尔兹曼的专家，也是其理论的继承者。1907 年，他在老土耳肯原来的演讲厅，做了就职演说，没有任何仪

物，即使是最简单的菜也要留作周日的午餐。每天社区厨房的午餐聚会成为社交活动的场所。在德文中"社区"和"卑劣的花招"容易产生混淆，因此社区厨房也常被戏称为"低劣的厨房"。必须感谢那些食堂的妇女，她们将做出"无米之炊"看成是义不容辞的责任。或许为三五十个人做饭要比只为三个人做饭简单得多，同时也能为他人减轻负担，相比这件事本身也是值得的。

在社区的公共厨房，我们遇到了许多志同道合之人，其中一些成为了我们家的至交。拉多夫妇就是其中之一，夫妇俩都是数学家。

我认为不管怎么说，我们家那时候的处境算得上艰难的。我们住的是外祖父的房，这是一栋位于城里颇贵的楼房的五楼，由两间公寓合成的一套大公寓。家中未安装电灯，一方面因为外祖父不想花安装费；另一方面，家里人特别是父亲已经习惯了优质汽灯。在那个灯泡效能很低而且很贵的年代，我们实在看不出安装灯泡的必要。我们用安有铜反光镜的固态煤气炉替换了旧砖炉，由于那段时间很难找到仆人，因此我们希望一切都更简单、更容易操作。虽然厨房中还有一个烧木炭的大火炉，我们还是习惯使用煤气做饭，这很方便。直到某天某个上级官僚机构，可能是市政厅颁布了定量配给煤气的规定。从那天开始，无论需求多少，每家每天只允许使用一立方煤气，任何人一旦被发现多用，煤气就会立即被切断。

1919年夏天，我们去了卡林西亚省的米尔施塔度假。那时的父亲已经62岁，开始表现出衰老和疾病的早期迹象，然而，那时我们却并没有意识到这一点。每当我们去散步时，他总是落在后面，尤其是当要爬坡的时候，他总是装作停下里观察某种感兴趣的植物来

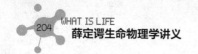
掩饰自己的疲惫。从 1902 年开始，父亲的兴趣就集中在植物学。他总是在夏天收集许多标本，不是为了建立自己的标本集，而是为了用他的显微镜和切片机对它们进行观察。那时候，他已经在研究形态遗传学和种系进化学，并放弃了自己在美术方面的兴趣和对意大利名画家的研究。他曾经画了许多风景的素描。我们并未充分重视面对我们的催促时他表现出的疲倦，"鲁道夫快点""薛定谔先生，天马上就要黑了"，我们对此早已习以为常，觉得那是因为他太专心的缘故。

回到维也纳后，他身体的衰弱征兆表现得更明显了，他的鼻子和视网膜经常严重性出血，到后来腿上也开始出现水肿。然而我们还是没有把这些太放在心上，没把它们和某些征兆联系起来。我想：他比任何人都清楚自己将不久于人世。不幸的是那时的我们正面临着上文提到的煤气短缺，我们弄到一些碳棒灯，父亲坚持要自己看护这些灯，于是他那漂亮的书房便成了碳化物实验室，总是会冒出些难闻的气味。20 年前，当他和施穆策学蚀刻时，也是在这间房用酸和氯水浸泡铜和锌片。那时的我还在上学，对这些实验非常感兴趣，可是此刻，我没有参与他的研究。在战争期间服役了近 4 年后，我很高兴回到了我热爱的物理研究所。此外，1919 年我和一个女孩订了婚，她后来成了我的妻子，现在我们已经相守了 40 年。我不知道父亲是否得到了妥善的治疗，我知道的是，我本该好好照料他。我应该请求查理德·冯·韦特施泰因在医学界寻求帮助，毕竟，他是我父亲最好的朋友。或许更好的医疗设施能减慢他动脉硬化的速度。可是 1917 年，我们在斯蒂芬广场的油布油毡店因缺货而关门后，只

有父亲一人完全掌握家里的经济状况。

1919 年圣诞夜，父亲在他的旧扶椅上安静地离开了人世。

次年，通货膨胀异常严重，这意味着父亲留下的原本就微薄的银行存款更不值钱。不过那些存款从来就没有使家里摆脱过困境。他卖波斯毯的收入已经分文不剩，他的显微镜、切片仪也被我作为酬劳送给了为他唱挽歌的人们。父亲生前的最后几个月中，最大的担心莫过于：那时年轻力壮的我，32 岁了却只能挣 1 000 奥地利克朗（那是税前的收入，我确认父亲把这笔钱报了税，除了我在战争期间当军官的那段时间），这笔钱什么都做不了。他生前看到儿子的唯一成功就是，他得到了一份薪水稍高的职位：在耶拿大学兼职讲师和当马克斯·维恩的私人助手。

1920 年 4 月，我和妻子搬到耶拿，把母亲独自一人留下。这是我至今无法释怀的一件事。我们当时是多么愚蠢，她只能亲自打扫、整理公寓。父亲去世后，这房子的主人——我的外公——就非常担心房租的问题，显然我们无力支付。无奈，母亲只能将房子让给一位更富裕的房客，这是一个名叫"芬尼克斯"的犹太商人（在一家业绩很不错的保险公司供职），他是我当时未来的岳父好心帮着找的。于是我母亲不得不搬走，最后搬到哪儿去了我也不知道。如果当时不是那么糊涂，我们应该能够遇见——无数类似情况都证明这是对的——如果目前能够活得更长久一些，我们那间装潢精美的公寓，对母亲来说将是一笔巨大的财产。1917 年，母亲做了乳腺癌手术，我们当时认为手术很成功，可是后来，她于 1921 年因患上了脊椎癌去世了。

我很少记得做过的梦，而且可能除了很小的时候，也很少做噩梦。可是在父亲离世后的很长一段时间，我都重复做同样的一个噩梦。梦中父亲仍然在世，而我却将他全部的精美的仪器和植物学书籍变卖，我已经无可挽回地毁掉了他的知性生活的基础，我该如何面对他呢？我知道，这梦境是因为我自身的内疚引起的，因为1919—1921年间我对父母的关心实在太少了。这或许是唯一合理的解释，因为通常情况下，我不会受噩梦的困扰，更不会感到良心不安。

我的童年和青少年时期（大约1887—1910年），父亲对我的影响不是通过正式的教育，而是日常生活中潜移默化的影响。一方面是因为父亲待在我身边的时间比大多数上班的人要长；另一方面我在家的时间也很长。我的启蒙教育阶段，一位家庭教师每周给我上两次课，而我进入法文学校学习时，学校仍坚持每周上课25个小时的优秀传统，对此我很庆幸（每周仅有两个下午接受基督教新教的教育）。

在这样的情境下，我能学到很多东西，不过这些并非都和宗教相关。学校这样的课程安排大有好处，因为只要学生愿意，他们有充足的时间思考自己偏爱的学科，也可以请家庭教师传授一些学校课程之外的内容。对我的母校（大学预科学校）我只有由衷的赞美，那里很少会让我感觉厌恶，偶尔感觉无聊（哲学预备课程确实糟糕）时，我就将注意力转移到其他学科，比如法语翻译。

写到此处，我觉得我应该加一些更一般的内容。染色体是遗传的决定因素的发现，似乎让人们觉得可以忽略掉同样重要的内容，比如沟通、教育和传统等人们熟知的社会化方式。因为根据遗传学的观点，这些都是不够稳定的因素，无关紧要。这的确非常正确，可是也有这样的例子：一群生活在类似"石器时代"的塔斯马尼亚儿童，不久之前才被带到英国，接受一流的英语教育，结果他们都达到了上层英国人的教育水平。这难道不是说明，要产生像我们这样的人，既需要染色体的遗传密码，也需要文明的社会环境吗？换句话说，每个人的聪明才智，既受到"天生血统"的影响，也受到"后天教养"的作用。因此学校（不像我们的玛利亚·特雷西亚皇后乐于看到的那样）在培育人才方面具有不可估量的作用，而在实现现实政治目的方面的作用则小得多。良好的家庭环境也非常重要，它就像是学校播种时的培土一般，只有培好土，学校才能播种。然而不幸的是，某些人却忽略了这个事实，他们认为，只有未受过良好家庭教育的孩子，才需要送进学校接受更高的教育（由此推理，他们自己的孩子是否也不应算在内呢）。另一些英国的上流阶层也忽视了家庭环境的影响。在他们看来，少早离家是贵族阶层的标志，因此他们用寄宿学校来替代家庭教育。所以，即便是当今英国女王也得早早与她的长子分开，把他送进类似的寄宿学校。

严格说来，这些事和我都并无关系，我会提及这个问题，纯粹是因为我重新认识到，在青少年时期和父亲共度的时光，使我受益良多。若当时他不在身边，我仅能从学校获取知识，那点知识肯定是微不足道的。父亲的学识远远超出学校能教给我的，不是因为30年前被强迫灌输的，而是他始终保持着学习的习惯。如果我要对这个话题展开说的话，那将是一个很长的故事。

不久后，当他开始研究起植物学，而我也贪婪地读完《物种起源》，那以后，我们谈论的内容并不再限制于学校教授的内容。那时的学校生物课是不允许讲授进化论的，宗教课教师更将其称为异端邪说。当然，我很快就成为了达尔文理论的热情追随者（至今仍然是），父亲则因为受到朋友的影响，主张我应该更加谨慎。不过，无论是自然选择和适者生存之间的联系，还是孟德尔遗传法则和德弗莱斯突变论之间的关联，都还需要进一步挖掘。事实上，事到如今我仍不明白为何动物学家总是极力推崇达尔文理论，而植物学家则更愿意保持缄默。可是在一个问题上，大家达成了一致意见。说到"大家"，让我想起一个人——霍夫莱特·安顿·汉得里希，他是自然博物馆的一位动物学家，也是我认识的父亲的朋友中最喜欢的一位。我们都持有这样的观点：因果关系才是进化论的基础，而非目的论，没有任何作用于生命的特殊法则，诸如生命活力或定向进化力等，能够背离或抵消无生命物质的普遍规律。这个观点使得我的宗教老师非常不悦，然而我并不在乎。

我们家有夏天外出旅行的习惯，这不仅丰富了我的生活，而且也促进了我对知识的渴求。我记得上中学的前一年，我们去了英国，住在蓝盖斯特母亲的亲戚家中。那里有非常适合骑毛驴和自行车的漫长宽阔海滩。那里强烈的潮汐变化，极大地吸引了我的注意力。沿着沙滩搭建了不少的更衣小棚，有个人牵着马，忙于随着潮汐的涨落移动这些小棚。在英吉利海峡，我第一次注意到，在遥远的地平线处，早在船只出现之前就可以看到船上烟囱中冒出的浓烟，这完全是海面造成的结果。

在雷明顿的马德拉别墅，我见到了我的曾外祖母。人们称呼她为"罗素夫人",她居住的那条街也叫"罗素街",我深信那是为了纪念我的曾外祖父而命名的。那儿还住着母亲的一个姨妈和她的丈夫阿尔弗雷德·柯克，以及他们的 6 只安哥拉猫（据说几年后变成了 20 只）。此外，还有一只普通的公猫，这只公猫总在夜间冒险后一脸愁容地返回，因此被取名为托马斯·贝克特（被亨利二世处死的坎特伯雷大主教的名字）。在那时的我看来，这并没有太大意义，而且也不合适。

在我 5 岁的时候，我母亲最小的妹妹——我的明妮姨妈——从雷明顿搬到了维也纳。感谢她，使我能够用德语写作之前，当然更不用说学会用英文写作之前，就能够说一口流利的英文，后来到我开始学习英文拼写和阅读时，我已对这门语言掌握甚多，我的英文基础也令人吃惊。这应归功于母亲要求我每天花半天的时间练习英语，那时的我对此并不乐意。我们经常一起从韦尔堡步行至美丽且当时还算宁静的因斯布鲁克小镇，母亲总是对我说"这一路上我们都要说英语，一句德语也不要讲"，我就是这样学英语的。后来我才了解到，时至今日，这件事仍让我受益良多，尽管后来我被迫离开祖国，我也从未感到我是个外来人。

我依稀记得我们曾经骑行游览过雷明顿周围的肯尼华和沃克里；从英国返回因斯布鲁克时，我们乘坐的汽船逆莱茵河而上，沿途经过布鲁日、科隆、科布伦兹；我也记得到过吕德斯海姆、法兰克福和慕尼黑；最后回到因斯布鲁克。我还能回忆起在查理·阿特梅尔的小客栈住宿时的点点滴滴。

从那儿到圣尼古拉斯后，家庭教师开始给我授课，因为父母担心经过一个假期，我已经忘记了最初学习的字、拼音和算术，无法通过秋天的入学考试。后来的几个夏天，我们基本都是去南提罗尔或是卡林西亚，有时也会在 9 月去几天威尼斯。在那些岁月里，我见识到了无数美好的事物，可是后来有了汽车，"发展"和新的边界，这些美好的事物都已成为过眼云烟。我认为在那个时候，更不用说今天，很少人的童年或是青少年时期能够有如此美好的经历，即便我是个独生子也是如此。大家待我都很友善，我们相处融洽。希望天下的老师、父母都能牢记，一定要和孩子相互理解！若非如此，我们就绝无可能对上天托付给我们的孩子产生任何长久的影响。

或许我应该谈一些我上大学时，也就是 1906—1910 年的情况，因为后面可能就没有机会可以提及了。前面我曾提到，哈森诺尔以及他精心设计的四年课程（每周仅有 5 个小时）对我的影响非常之大，可是遗憾的是，因为服兵役的原因，我没能完成最后一年的课程（1910—1911 年）。不过后来发生的一切，让这件事并未像想象中那样令人不快，因为我被派往了美丽的克拉科夫古城，并在靠近卡林西亚边境（马尔博赫附近）度过了一个难忘的夏天。在大学里，除了哈森诺尔的课程外，我还去听了所有我能听的数学课。讲授投影几何课程的是科恩，他严谨而不失条理的作风，给我留下深刻印象。他可能会在某一年采用单纯综合不用任何公式的方法讲授。而下一年，他可能又换成了分析的方法。实际上，没有比这更好的例子来说明公理体系的存在了。在他的讲授下，二元性成为了一种令人兴奋的现象，这种二元性在平面和立体中表现出不同的性质。他还向我们证明了费力克斯·克莱因的群论对数学发展产生的深远影响。他认为，哥德尔大定理的最简单例证在于：在二维结构中，第四调和元素的存在必须作为真理来接受；而在三维结构中，这一点非常容易证明。我从科恩那儿学到了许多的东西，否则这些东西我绝不会有时间去学。

我聆听了耶鲁撒冷关于斯宾塞诺的讲座，任何参加讲座的人都会认为这是一次难忘的经历。他谈了很多，其中包括伊比鸠鲁的哲学，"死亡不是人类的敌人"和"对于虚无的想象"，这些都是伊比鸠鲁在作理论推理时始终铭记在心的命题。

大学第一年，我做过定量化学分析，从中也受益匪浅。斯克劳普的无机化学分析非常精彩，所以在夏季学期我继续跟了他的有机化学分析课，相比之下，我认为后者要逊色不少。也许事实上它比我认为的要好很多，但是我还是无法在其中提高对核酸、酶和抗体的认识。因此，我还是一如从前只能靠着直觉摸索前进，尽管这也很有效。

1914年7月31日，父亲来到我在玻尔兹曼路的小办公室，告诉我被征召入伍的消息。我们一块儿去买了一长一短两支枪。幸运的是，我从未被迫使用过它们来对付敌人或是动物。1938年，我将它们交给了前来搜查我的公寓的好心军官。

下面我来讲讲战争的情况，我的第一个营地在卡林西亚的普雷迪撒特尔，那里并没有什么战事，只有过一场虚惊。我们的指挥官芮因多上尉曾安排亲信在前线侦查，并约定一旦意大利军队接近开阔的山谷向湖边（莱布勒湖）进发时，以点烟作为警示信号。恰巧有人在边境烤土豆或是烧杂草，于是我们便被部署在两个观察哨里，我负责左边的一个。我们一直在那儿待了10天，直到有人想起才把我们召回。在观察哨时，我才意识到睡在有弹性的地方（只需一个睡袋和一条毯子），远比睡在硬板上舒服。

另一次观察任务的性质和第一次大不相同，可算是绝无仅有的经历了。一天夜里，我被值班的哨兵唤醒，说对面山坡上发现有向我方阵地移动的灯光。顺便提一下，我们这边所在的山（西柯夫山），没有小路可走。我钻出睡袋，穿过连接通道，到达哨所抵近查看。确实如哨兵所说有灯光，可是这些灯光实际离我们只有几码远，事实上是我们自己的铁丝网上放电造成的"圣爱尔摩"之光，在这样的环境下之所以看见火光在移动，是因为观察者自己走动造成的视差现象。每当我夜间走出宽敞的掩体时，经常在掩体顶上的草尖上看到这些可爱的小火光。这是我唯一一次偶然看到的这种现象。

在普雷迪撒特尔度过一段无战可打的日子后，我便被派往弗兰岑菲斯特驻守，之后又到克连斯和科蒙。我也曾短暂上过前线，我加入了格里吉亚的一支小部队，后来又到杜伊诺。这支部队装备了很奇怪的海军炮。最后，我们撤退到锡斯泰那，我从那儿被派往普罗塞克附近一个无聊的观察哨。那里高出的里亚斯特上方900米，风景却很美。这个哨所配备的武器更加奇怪。我的未婚妻安玛丽曾到那个哨所探望我。曾有一次，齐塔皇后的兄弟，波旁家族的西克斯特斯亲王视察我们的阵地，那时他并未穿军装，但后来我才知道，他其实是我们的敌人，因为他在比利时军队服役。原因是，法国不允许波旁家族的成员参加法国军队。他那次来访的目的是希望奥匈帝国和协约国之间能达成和平协议，这显然是对德国的严重背叛，

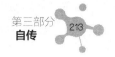

可惜的是他的计划一直未能实施。

我初次接触爱因斯坦 1916 年提出的理论是在普罗塞克。那时候虽有很多可以自由支配的时间，可是想要理解他的理论很困难。不过，我当时在页边所做的笔记，现在看来仍然还是很有见地的。爱因斯坦总是习惯于用不必要的复杂方式，提出一种新理论，1945 年他提出所谓"不对称"么正场论时，这种情况发展到了极致。或许这并非是爱因斯坦这位伟人的特点，人们往往在假设一种新观念时都会产生这样的情况。就这个理论，泡利当时在德国就告诉爱因斯坦，没有必要引入繁复的量，因为他的每一个张量方程式中已经包含了一个对称部分和一个反对称部分。直到 1952 年，为了庆祝德布罗意 60 岁生日出版的一本书中，在他和考夫曼一块儿写的一篇文章中，才高明地摒弃了所谓的"有很强说服力"的论述，真正同意了我的更为简洁的论述方式，对他来说，这的确是个非常重要的改变。

战争的最后一年，我在军中担任了"气象学家"的职务，先是在维也纳，接着到菲拉克、诺伊施塔德，最后回到维也纳。这对我来说是天大的好事，因为这使我避免了跟随部队从崩溃的前线灾难般撤退。

1920 年 3、4 月间我和安玛丽结了婚。不久后，我们就迁到耶拿，先租住在有家具的房子一段时间，很快又离开了。耶拿大学奥尔巴赫教授希望我能给他的讲稿增加一些理论物理的最新内容。我们和奥尔巴赫一家（他们是犹太人）以及我的上司韦恩夫妇（他们在传统上反闪米特人，但并不带有个人的怨恨）都是好朋友，我们之间相处融洽，这种良好的关系给我带来了极大的帮助。但是我听说在

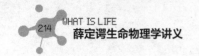

1933 年，由于希特勒上台，奥尔巴赫一家因看到无望逃离即将到来的压迫和屈辱，只能自杀。我们在耶拿的朋友还有埃伯哈特·布赫瓦德———一位刚失去妻子的年轻物理学家，埃勒夫妇和他们两个年幼的儿子。去年（1959 年）埃勒夫人到阿尔巴赫来看我，这位可怜的妇人在战争中失去了自己的 3 个男人，并且是为了一个自己并不信奉的事业。

我认为，按照时间顺序叙述个人的生平是最为枯燥的事情之一。无论是回顾自己或是他人的生平事件，你会发现值得记述的不过是一些偶然的经历和观察，即使你认为按照事件发生的历史顺序叙述非常重要，现在看来也无足轻重。因此，我打算把我的一生分几个阶段总结，以便今后参考时不必留心年月顺序。

第一阶段（1887—1920 年）到我和安玛丽结婚并去德国结束。我称这段时间为最初在维也纳时期。第二阶段（1920—1927 年），我称之为"第一次浪迹天涯"，因为在那之间我先后在耶拿、斯图加特、布列斯劳工作，最后又去了苏黎世（1921 年）。这一阶段以我应邀到柏林接替马克斯·普朗克的工作结束。其中，1925 年我在阿罗萨时，发现了波动力学，并于 1926 年发表了有关论文。因为这项发现，我应邀到北美做了为期两个月的巡回讲学，那时正值美国禁酒令推行时期。第三阶段（1927—1933 年）相当美好，我称之为"教与学"阶段，这个阶段以 1933 年希特勒上台告终。在那一年的夏季学期即将结束时，我已经将我的一些私人物品运往瑞士，7 月底，我离开柏林到南蒂罗尔度假。根据圣日耳曼协约，南蒂罗尔已经属于意大利，因此我仍可以用我的德国护照去那儿，却不能去奥地利。俾斯麦宰相的继承者成功地用"钢铁封锁线"对奥地利实施了封锁（例如，我岳母 70 岁生日时，我妻子无法获得纳粹当局的许可，不能回到奥地利探望她）。夏天过后，我没有返回柏林，而是直接递交了辞呈。而他们却久久未给我回复。事实上，后来他们直接否认收到了我的辞职申请，尤其当他们获悉我获得了诺贝尔物理学奖时，更是断然拒绝了我的辞呈。

第四阶段（1933—1939 年），我称之为我的"又一次流浪"。早在 1933 年春天，F.A. 林德曼（即后来的谢韦尔勋爵）就给我提供了在牛津"谋生"的机会。那是他第一次访问柏林时，当听闻我对当下局势的不满后，他当即向我发出了邀请。他一直恪守他的诺言，于是我和妻子开着当时仅能弄到的小宝马离开了马尔切西内，途经贝加莫、莱科、圣哥达、苏黎世、巴黎，到达布鲁塞尔，那时候布鲁塞尔正在召开索尔维会议。我们从布鲁塞尔出发去了牛津，不过这段旅程我没有和家人一道。林德曼已经预先做好了安排，我被聘为玛格德琳学院的研究员，不过我的薪水都是由英国帝国化学工业公司发放的。

1936 年，爱丁堡大学和格拉茨大学同时向我发出了聘书，我选择了后者，这是一个极其愚蠢的决定。这次选择及其结果都是绝无仅有，不过我的最终结果还算幸运，当然，1938 年我或多或少也受到了纳粹的迫害，但彼时恰逢德瓦勒拉打算在都柏林设立高等研究所，于是我便接受了他的邀请。事实上，假若 1936 年我去了爱丁堡大学（由于我未应邀，马克斯·波恩被任命接替了我的职位），那德瓦勒拉曾经的恩师，同样在爱丁堡大学供职的 E.T. 惠特克，就一定

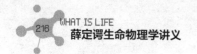

会因为忠于自己的学校而不推荐我去都柏林。对我而言，都柏林远胜过爱丁堡，不仅仅因为爱丁堡的工作对我来说是沉重的负担，也因为若在英格兰，整个"二战"期间我都会被视为外来的敌人，这会让我处于非常难堪的位置。

我们的第二次逃亡是从格拉茨出发，取道罗马、日内瓦、苏黎世，最终到达牛津。我们在牛津的朋友怀特海家中留宿了两个月，这次我们只能将我们的小宝马"格劳林"留在了格拉茨，因为它的速度太慢了，况且我也不再持有驾照。由于都柏林学院建院的准备工作还未就绪，我就和妻子、希尔德、露特一起于1938年12月去了比利时。起初，我以客座教授的身份在根特大学讲授"法兰克研究班的基础课"（用德语）；后来，我们在海边的拉帕尼度过了4个月，除去那些水母，那还是一段美妙的时光。也是在那段时间，我唯一一次遇见了海上磷光现象。1939年9月，"第二次世界大战"爆发的第一个月，我取道英国前往都柏林。那时我们使用的是德国护照，所以在英国人眼中仍是敌人，多亏了德瓦勒拉的推荐信，我们最终被准许过境。或许，林德曼在这次事件幕后也起到了一些作用，尽管在那之前我们有过一次并非愉快的会晤，但他毕竟是一个正直的人。作为丘吉尔的朋友和物理学问题顾问，我深信，战争时期他在保卫英国中发挥了不可估量的作用。

第五阶段（1939—1956年），我称之为我的"长期流放时期"，不过并没有"流放"所隐含的苦难，相反，这是相当美好的一段时光。若不是因为"背井离乡"，我将永远无缘了解到这个遥远而美丽的岛国。在"纳粹战争"期间，再没有其他地方能让我不受那些令人羞耻的问题的困扰。设想一下，若没有纳粹，没有"第二次世界大战"，17年来我们就在格拉茨挣扎度过，那将是多么单调枯槁的生活！为此，有时我会悄悄和家人说："真得感谢我们的元首。"

第六阶段（1956—？）我要称之为"回到维也纳"。早在1946年，我就接到了维也纳大学的任教邀请，当我把消息告诉德瓦勒拉时，他对此非常反对，并指出目前中欧的政局还未稳定，在这点上他非常正确。可是，他在许多方面对我表示关心，却并未关心万一我发生意外，我的妻子该怎么办。他只是告诉我，假若他也发生类似的意外，他也不知道他的妻子该如何是好。因此我答复维也纳大学的人说，我很希望回到维也纳，但要等到局势恢复稳定后。我告诉他们说，因为纳粹的缘故，我已经两次被迫中断我的工作，只能在另一个地方重新开始。如果再有第三次，那将彻底毁掉我的工作。

回顾过去，我知道我的决定是正确的。在奥地利这片饱受蹂躏的土地上，生活将无比痛苦和艰辛，我曾写信给当局为我的妻子申请养老金，作为一种对战争的补偿，虽然他们似乎很乐意弥补他们的过失，然而我的申请并未成功。当时的国家已经拮据（直到1960年的今天，在这方面仍然很拮据）到连给少数几人发津贴都无法做到。所以，我在都柏林又待了10年，事实证明这样做对我非常有利。我发表了不少英文短篇著作，并继续进行着"非对称"广义引力理论的研究，不过这个研究结果却颇为让人失望。

最后，还有一些算得上重要的事是，沃纳先生分别于1948年和1949年为我实施了两次手术，成功摘除了我两眼的白内障。1956年，这一天终于到来了！奥地利恢复了我原来的职务，尽管像我这样的

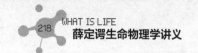

年龄，再干两年半也就要退休了。然而，我仍然收到了维也纳大学的新任命（十分特殊的优待）。这些都要多谢我的朋友汉斯·蒂林和教育部长德里美尔博士。同时，在我的同事罗布拉彻的积极推动下，促成了有关名誉教授地位的新法案，我也因此获得了名誉教授的职位。

我的时间顺序的总结就到此为止，希望能够补充一些各时期的不太惹人厌的细节或想法。但我绝不会事无巨细地详细描绘我的生活，因为我不擅长讲故事。同时，我必须略去一些重要的部分，即我和女性关系的那部分。首先，这很可能招来流言蜚语；其次，那些内容对别人而言也并无意义；最后，我相信任何人在这个问题上都不可能绝对真诚。

这是我今年年初就写好的总结。偶尔看一遍，自己感觉乐在其中。不过，我不再打算写下去，因为我的人生也不会再有什么新鲜事了。

薛定谔

写于 1960 年 11 月